国家级职业教育规划教材
全国技工院校服装设计与制作专业教材（中级技能层级）
全国中等职业学校服装类专业教材

（第3版）

服装
设计基础

人力资源社会保障部教材办公室　组织编写
安晓冬　主　编

中国劳动社会保障出版社

简　介

本教材较为详细地介绍了服装发展简史、服装设计基础手法、服装色彩搭配技巧、服饰纹样运用、服装面料再造运用、服装设计流程等，同时以服装企业相关岗位工作内容为依据设计了十个实训案例，用以补充和完善实践性教学内容。教材提供了大量的服装设计、制作过程图片，图文并茂，从理论知识和实际操作两个方面帮助学习者全面地了解服装从设计到制作的流程。

本教材由安晓冬任主编，韩学铭参加编写，陈红审稿。

图书在版编目（CIP）数据

服装设计基础 / 安晓冬主编 . --3 版 . -- 北京：中国劳动社会保障出版社，2018

全国技工院校服装设计与制作专业教材：中级技能层级　全国中等职业学校服装类专业教材

ISBN 978-7-5167-3491-9

Ⅰ . ①服…　Ⅱ . ①安…　Ⅲ . ①服装设计 – 中等专业学校 – 教材　Ⅳ . ① TS941.2

中国版本图书馆 CIP 数据核字 (2018) 第 120333 号

中国劳动社会保障出版社出版发行

（北京市惠新东街 1 号　邮政编码：100029）

*

北京市艺辉印刷有限公司印刷装订　新华书店经销

787 毫米 × 1092 毫米　16 开本　12.75 印张　237千字

2018 年 7 月第 3 版　2023 年12月第 7 次印刷

定价：32.00 元

营销中心电话：400-606-6496

出版社网址：http://www.class.com.cn

http://jg.class.com.cn

前　言

全国中等职业技术学校服装设计与制作专业教材自2002年出版以来，在职业院校教学及相关培训中发挥了重要作用，受到广大师生的好评。近年来，随着服装行业的发展，企业对服装从业人员的知识水平和技能水平提出了更高的要求。为了适应这一变化，满足学校培养人才的需求，我们对现有教材进行了修订。

在本次修订工作中，我们收集了服装企业对技能型人才的具体要求以及学校使用教材的反馈意见，组织了一批教学经验丰富、实践能力强的教师与行业、企业专家进行充分研讨，确定重点做好以下几方面工作：

第一，更新教材内容。根据服装行业的发展变化，调整更新了相关教材的结构和内容，体现行业新理念、新标准、新技术和新工艺。进一步增加实践性教学内容的比重，在服装结构制图、服装CAD等主要技能课教材中，更多地选用与企业生产结合紧密的实践案例，并配以详细的过程分析和操作指导，以引导学生运用所学知识分析和解决实际问题。

第二，提升教材表现力。通过设置“操作提示”“自测园地”“知识拓展”等不同栏目，增加教材的亲和力，激发学生的学习兴趣。同时，尽可能多地以图表代替冗长的文字叙述，使教材更加生动直观，易于学习。

第三，加强立体化资源建设。在修订教材的同时，补充开发配套的电子课件，电子课件可通过职业教育教学资源和数字学习中心（http://zyjy.class.com.cn）免费下载。在《服装CAD（第三版）》等教材中引入二维码技术，针对教材的重点和难点制作了演示视频等多媒体素材，使用移动终端扫描书中相应位置处的二维码即可在线观看。

本套教材的修订工作得到了有关学校的大力支持，教材的编审人员做了大量的工作，在此，我们表示衷心的感谢！同时，恳切希望广大读者对教材提出宝贵的意见和建议。

人力资源社会保障部教材办公室

目　录

第 5 章　服装设计与面料 …… 151

第 6 章　服装设计流程 …… 179

第 1 章 服装设计概述

从人类开始使用各种材料制作遮身蔽体的服装至今，已有数千年的历史。远古时期人类穿着服装是为了防护身体，随着历史的发展，服装被赋予了更加丰富的内涵，逐渐与经济、文化等密切联系起来，在人类生活中起到更加重要的作用，成为社会上人际交往的重要手段。

中国有着悠久的文化历史，有着取之不尽、用之不竭的服饰文化资源，是世界各地服装设计师们设计构思的重要资源库。我们只有很好地了解中、外服装发展历史，掌握每个历史时期典型的服装款式，再不断地借鉴和挖掘创造，才能学好服装设计。

学习目标

1. 了解中、外服装发展简史。
2. 掌握服装的基本概念和种类。
3. 了解服装的设计内容、设计流程及设计原则。

第 1 节　服装发展简史

服装作为东西方每个历史朝代文化变迁的一种承载形式，能反映出各个历史时期的自然概况、时代背景、人文环境、生活方式、艺术特色等方面的差异，因此不同的历史背景会产生不同特色的服装款式。了解服装的发展历史，是每一个服装从业人员的必修课程，是为了更好地把握服装变化的脉络以及影响服装设计的各种因素，从而在设计中有所借鉴和创新。

一、服装的起源与发展

服装是在人类经历的长期生产实践过程中逐渐形成的。原始社会人类有在身体上涂抹动物油脂、使用黏土和矿物颜料绘制花纹或披盖树叶、佩戴兽牙等行为，其目的是遮风蔽日、防寒驱虫还是装饰、美化身体和求神辟邪目前还没有定论。但原始社会骨针的出现，结束了人类赤身露体的时代，骨针把兽皮缝合连接成衣，成为衣服的雏形。石纺轮和陶纺轮等纺织工具的出现，表明人类早在七千多年前就已经使用植物纤维来纺纱织布了，这是真正意义上服装发展的开始。

从蒙昧野蛮的原始社会发展到等级制度森严的封建社会再到科学技术高度发达的现代社会，服装伴随着人类历史的发展，占据着时尚的舞台。国内、国外历史上都留下了许多经典的服装款式，这是一笔丰厚的文化财富，对之后的服装设计产生着深远的影响。与此同时，历史上还涌现出许许多多站在时尚巅峰的设计师，他们设计的作品都带有浓烈的时代特征和个人风格。时代在前进，服装在设计理念、面辅材料创新、裁剪制作技术和缝纫熨烫设备进步等方面也在不断地变化。而服装式样的发展变化都具有深刻的时代背景，反映着当时的社会思想、生活方式和审美意趣。

总之，服装的变化取决于人类的生存状态。现代人类对自身生存环境的不满与安全意识的警醒使服装开始讲究环保，强调自然与人的和谐共存。

二、中国服装发展简史

从开始使用苎麻纺纱织布到如今，中国服装发展已经经历了六七千年的历史。通过表1—1—1 可以了解我国各个朝代的主要服装款式和特征。

表 1—1—1　我国各个朝代的主要服装款式和特征

朝代	主要服装款式	主要款式图	历史特征
周	◆ 深衣 深衣是上衣与下裳连属成为一件长衣的服装形式。在战国、西汉时期，深衣是主要的服式，它不分尊卑、男女都可穿着。深衣用途十分宽泛，可以作为礼服也可以作为常服。虽然深衣是上下连属，但制作时上下分裁，在腰间缝合。腰缝以上仍然称为衣，腰缝以下则为裳。制作时用布 12 幅，以应 12 个月	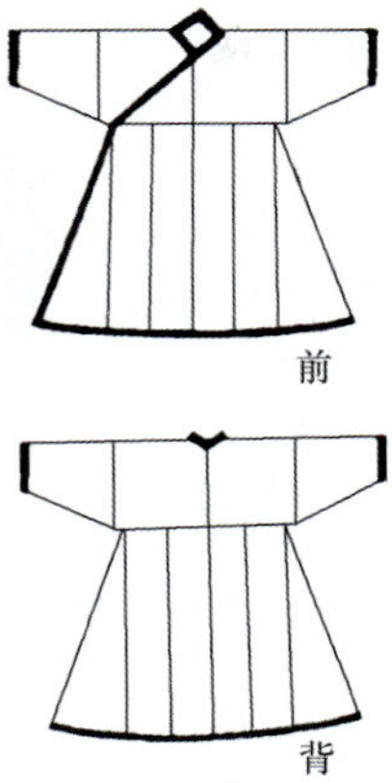 前 背 深衣	周代时人们逐渐意识到自身的重要性，开始把头部作为人格、尊严、权力的象征，同时出现了各种各样规范的礼服
秦、汉	◆ 首服 首服也称冠帽，是区分不同身份、等级的重要标志。有记载的首服有冕冠、长冠、通天冠、远游冠、进贤冠、武冠、法冠等。士以下庶人用巾约发，巾只用于庶民，因此出现了以头巾称呼庶民的情况 ◆ 佩绶制度 西汉起实行佩绶制度。贵族们的配饰，除了兵器外，还配挂组绶。组绶同属丝织带子类织物。组多用来系腰，是一条窄的丝绦；绶则是约三指宽、上有纹饰的丝绦，与官印系在一起，称为印绶，是官吏权力的象征	 皇帝冕服  秦代妇女服饰	秦人崇尚黑色，文武百官都穿黑色朝服，显得素雅整齐。秦汉时期是中国封建社会的上升阶段，在社会文化、制度等方面都有很大的发展

续表

朝代	主要服装款式	主要款式图	历史特征
魏、晋、南北朝	◆ 大袖衫 魏晋时期出现的大袖衫袖口宽敞，一般作便服，也可作礼服。大袖衫有对襟、直襟的样式，可以系缚带子，也可以自然敞开。魏晋时期的这种装束形成风俗，上至王公贵族、下至黎民百姓都喜欢穿着	大袖衫	由于佛教盛行，魏晋时期服装纹样上出现了大量的莲花纹、忍冬纹。另外，像葡萄纹、狮子纹、卷草纹等反映西域特色的纹饰也十分流行
隋、唐	◆ 袍衫、幞头、靴 隋唐时期以袍衫为尚。袍衫多为窄袖、圆领，袍身适体，多为大襟。袍衫的颜色是区分官吏等级的重要标志，其主要颜色有紫、绯、绿、青。纹样一般为暗花，武则天当朝后在不同级别的官服上绣禽、兽，以区分文武官员的品级。与男子袍衫相匹配的首服为“幞头”。幞头是一种包头的头巾，可以在发髻上包裹出各种形状。靴子源于胡服。袍衫、幞头、靴的组合是唐代男子的主要装束 ◆ 披帛 隋唐时期的妇女在肩、背处披一幅长画帛，称为披帛，是最为常见的女服饰物 ◆ 半臂 半臂一般为短袖，长与腰齐，穿着时多在衫襦外，最先为宫女穿用，后传至民间	唐代男、女服饰 唐代女服的平面图	唐朝时期，民众思想开放，兼容并蓄。女装很有特色，女子在面部装饰额黄、花钿、朱粉、眉黛、口脂、妆靥等。另外，女穿男服也是唐朝思想开放的表现。隋唐是中国封建社会的鼎盛时期，也是服装样式最为华丽、开放的时期，对中国服装的发展有着深远的影响

续表

朝代	主要服装款式	主要款式图	历史特征
宋、辽、金、元	◆ 佩鱼制度 凡是服装颜色用紫或绯的官员，都加佩鱼袋。在唐代鱼袋内盛装鱼符，鱼符上刻有官职的名字，到宋代将鱼形金、银饰物系挂在腰间以区分贵贱。佩戴金饰的鱼袋、着紫色的官服是当时人们引以为荣的事情 ◆ 背子 背子，宋代男女广泛穿着，男子不作为正式服装，官员们往往在穿着公服时将其作为衬服。女子的背子有着正式的规定，背子作为女服重要的组成部分，穿用的场合、阶层比男用背子复杂得多，在样式、质地、色泽上也存在着等级区别。背子一直沿用至明清时代 ◆ 凤冠、霞帔 凤冠、霞帔是宋代命妇冠服的一大特征。戴凤冠、着霞帔是最为正式的礼服。凤冠上有九龙四凤，周围还缀有花饰。霞帔在肩部分为左右两条，上面有鸟禽绣纹（绣纹按照命妇的品级而定），披于前身的部位很长，后身垂下的部分较短，两端合处缀有坠子 ◆ 比肩、比甲 比甲是无领无袖，前身很长，便于马上骑射的服式，受当时人们推崇。比肩是一种有里有面的较马褂稍长的皮衣，类似半袖衫	宋代妇女服饰 元代蒙族妇女服饰	宋代崇尚礼制，冠服制度严格，服装式样拘谨、保守，表现为典雅、质朴、严谨和含蓄。随着伦理朝纲的加强，妇女开始缠足，它成为宋代以后封建社会妇女的桎梏。辽、金、元时期是北方游牧民族统治时期，是中国服装历史发展中的一次民族大融合时期

续表

朝代	主要服装款式	主要款式图	历史特征
明、清	◆ 乌纱帽 乌纱帽是明代朝服中常见的一种纱质官帽，前低后高，两旁各有一翅，帽内用网巾束发，常戴于朝会、奏事、谢恩等活动中。所以，在明代乌纱帽又是为官的同义语 ◆ 百褶裙 百褶裙是明代妇女的下裳，妇女身份不分贵贱都穿着裙子，微露“三寸金莲”。裙子的颜色浅淡素雅，底摆绣花边。明代末年百褶裙采用的是八幅裙宽，腰间细褶数十，行走飘动，绣纹讲究，以花鸟为主 ◆ 补服 明、清的官服是用补子区分的，即在袍服的前胸和后背缀一方补子，文官绣禽，武官绣兽。补子用图案来识别品级、官阶，是历代服饰中的一种文化创造 ◆ 长袍 清代的长袍是清代男子主要的服装样式，其造型简练，松度适体，立领直身，前后衣身有接缝，下摆有两开衩、四开衩和无开衩，皇室贵族为了便于骑射后摆常开衩 ◆ 马褂 清代人们在长袍外另穿一件马褂。马褂比长袍短，长至肚腹部位，有长袖、短袖、宽袖、窄袖、对襟、大襟、琵琶襟等样式，按季节分为单、夹两种，面料有绸缎、棉类、毛皮等，无论男女都爱穿着，是当时普遍的装束 ◆ 旗袍 旗袍为清朝满族妇女穿着的长袍。旗袍样式简单，不用马蹄袖，袖口平大，衣长至脚踝，绣纹比较自由，袖、衣襟、裙裾上镶边，随着时代的变迁领子由低变高、衣身由宽变窄，在外面可以套一件长至腰间的坎肩	 明、清妇女服饰  清代补服 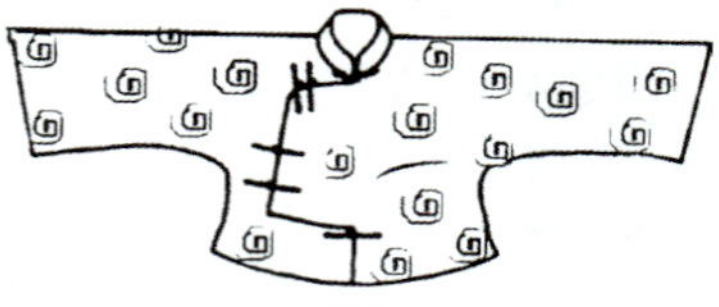 马褂  旗袍	明清两代的服装在服装史上具有重要的地位。在明代，服装上的吉祥寓意纹样，寄托和抒发了人们美好的愿望与情感。凤冠、霞帔在明代更加完善，成为古代妇女的典型形象。清代是历史上比较特殊的时代，以满族装束为主，既具有游牧民族的特色，又保留了数千年来的等级制度，服装追求繁缛精致。明、清是中国古代封建社会最后一个时期，对于中国服装文化的发展有着重要的意义

续表

朝代	主要服装款式	主要款式图	历史特征
近代	◆ 中山装 中山装是基于学生装改进的纯中式服装，在西装基本样式上糅合了中国的传统意识，因孙中山先生率先穿着而得名。当时，曾规定一定等级的文官宣誓就职时一律穿中山装。中山装为五粒扣，前身四个口袋，袖口三粒扣，每个部位都有一定的政治内涵 ◆ 连衣裙 连衣裙的上下身连在一起，衣襟有前开和后开。这种式样流行于 20 世纪 30 年代初，受欧美服装样式的影响，剪裁、缝制合体以显出腰身的纤细。连衣裙首先是留学生、文艺青年和时髦的年轻女性所穿着，后在社会上推广开来	中山装 连衣裙	20 世纪 20 年代是近代中国妇女服装演变的一个重要阶段，该时期出现了时装，中国服装开始进入一个新的发展阶段，呈现出活跃、繁荣的局面，中国传统的衣冠制度也随之瓦解

三、国外服装发展简史

在 20 世纪之前，西方不同国家、不同阶级甚至不同家族的服装款式及风格都不尽相同，国外服装发展历史的主要服装款式和特征见表 1—1—2。

表 1—1—2　国外服装发展历史的主要服装款式和特征

历史时期	主要服装款式	主要款式图	历史特征
中世纪前	◆ 鲜提 鲜提是古埃及男装，用条形布对折成三角形系于腰间。鲜提的形式很多，有缠裹、系带、兜裆，还有用带子斜挂在肩上的。上层社会穿用的鲜提，把布用糨糊固定出很密的皱褶。从埃及墓葬中发现包裹木乃伊的亚麻布，纱织已经相当细密，并做过染色、防腐处理，可见当时纺织工艺的水平很高	鲜提	

续表

历史时期	主要服装款式	主要款式图	历史特征
中世纪前	◆ 卡拉西利思 卡拉西利思的服装样式为宽敞的筒形装束，腰间系一条细带，并飘垂于膝间，在胸部添加束胸，手臂部位形成披肩效果，呈现出众多放射状的衣纹，表明了当时的审美观念向富贵、华丽、凝重方向转移 ◆ 希顿 希顿为亚麻的轻盈长外套。其款式狭长无袖，两侧缝合，从头部套下挂在肩上；手臂展开时衣宽至肘部，还有的宽至指尖，从两肩到袖口间有若干个固定点，用别针或细带固定。希顿的皱褶会有很多变化，可以是一条弧线，也可以是不规则的。最常见的是配上一条或几条腰带，系在腰间、髋部、胸下，在衣服上形成许多层次的皱褶 ◆ 托嘎 托嘎是古罗马最具代表性的服装，最初男女皆可穿着，后为男子专用服装，厚重而高贵。托嘎多呈半圆形，体积庞大，穿时把一端留在身前，其余的布料从左肩绕至背后，再从右腋下穿过回到身前，并由左肩搭向后面，使布料末端在身后悬垂，穿着后对衣褶进行局部整理，使效果更完美 ◆ 丘尼卡 丘尼卡是古罗马时期女性穿着的内衣样式，长至地面。其将面料直接剪成“十”字形，中间挖领圈，对折缝合；留出袖窿，再将袖子另外装上；腰线较高，在胸下位置收紧，肩部用细带或别针装饰。男性的丘尼卡在腰间或髋部用腰带固定，长至膝下，在宗教仪式上长至脚踝。还有的穿着多件丘尼卡，一件件地重叠起来	 卡拉西利思 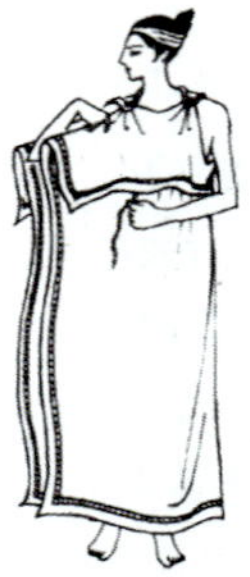 希顿  托嘎	古罗马的少女已经开始穿着内衣。这种内衣样式简洁，很像今天的比基尼。古埃及、古罗马、古希腊等几个奴隶制国家在世界文明史中有着重要的历史地位，服装发展体现了当时的社会状态、经济、文化、道德和审美意识
中世纪	◆ 达尔马提卡 达尔马提卡是拜占庭最典型的服装，是一种贯头衣，肥袖长袍，供高官贵族穿着，衣身的前后与袖子的边缘都有竖条的装饰带	 达尔马提卡	中世纪服装的主要特征在于宗教性。宗教渗透了中世纪文明的各个层面，使服装脱离了人体而存在。服装在色彩、造型、面料上出现了夸张、炫目的奇异特点，产生了空前丰富的样式

续表

历史时期	主要服装款式	主要款式图	历史特征
中世纪	◆ 豪伯莱德 豪伯莱德出现在 13 世纪，有明显的哥特式风格。它是一种装饰性较强的袍式外衣，有前开式也有套头式，穿着时配腰带，袖子的风格变化多样，有锯齿形或月牙形装饰边 ◆ 考特、苏尔考特 考特是男女通用的长衫，领口小，袖口收紧。女服袖上端宽松，在边缘部位有带状装饰 苏尔考特是套在考特外面的贯头式外衣，有时两侧有长开衩，袖子有中袖、短袖、无袖和垂袖等，袖口呈大喇叭形	豪伯莱德 考特、苏尔考特	
16 世纪至 19 世纪	◆ 轮状皱领 轮状皱领又称为拉夫领，是一种独特的装饰领型，是文艺复兴时期典型的领型。其形如轮状，用细亚麻布或细棉布上浆处理固定皱褶，用细金属丝放置在领圈中以保持形状，外部边缘又加装饰与雕绣。这种领型褶多，用料奢侈，活动不便 ◆ 切口 切口是当时服装的一种装饰手法，在男女服装中被广泛运用。它吸收了战争年代德国雇佣兵服装的特点，拼缝处使用碎布填塞，故意在切口处露出不同颜色、不同质地的里料与内衣 ◆ 胸衣 胸衣是中世纪出现的女装紧身衣，主要目的是塑造女性的胸、腰部位，包括硬质和软质两种。软质胸衣使用多层布料重叠，使之有一定硬度和束缚力，在前身或后身密密排列纽带、扣钩，在曲度大的部位安插鲸须，起到造型的作用。硬质胸衣使用金属或木材等硬质材料制成，一般按照不同体型铸成四片框架，接缝处有金属搭钩，以便穿脱	带有轮状皱领和裙撑的伊丽莎白一世像 金属胸衣	从 16 世纪的文艺复兴、17 世纪的巴洛克式、18 世纪的洛可可式，到 19 世纪的古典主义、浪漫主义、现实主义、印象主义等流派的迭起，服装受艺术风格的影响，样式多变，为欧洲服装在世界上的地位奠定了基础。另外，在 19 世纪，法国已经出现了像沃斯、保罗・波列这样的服装设计大师。美国人沃尔塔・汉特发明了第一台链式平缝机，完成了服装史上的一次大革命，也使服装摆脱了手工缝制，向工业化大生产发展

续表

历史时期	主要服装款式	主要款式图	历史特征
16世纪至19世纪	◆ 裙撑 裙撑是16世纪的一大发明，被长时间地广泛使用，与紧身胸衣配合塑造出多姿多彩的女性形象。裙撑使用一圈圈粗大的鲸须或金属丝做成基本框架，然后缝在厚质的衬裙料上，使裙子膨起，造型十分美观，在礼服中经常被使用 ◆ 华托服 华托服是洛可可初期最著名的女装样式，造型宽大随意，衣摆散开在身后飘垂，领口较大，自后领处向下有成排的等宽的箱形褶，褶上沿固定，下端飘逸，随着人的走动而起伏变化，于简洁素雅中又具动态美 ◆ 燕尾服 燕尾服是19世纪欧洲浪漫主义时期上流社会男子的晚装样式。燕尾服的燕尾部分由两片缝在后腰的长长的垂尾构成，袖子和腰部收紧，配窄长的裤子，盖到脚面，再由穿过鞋底的带子将裤管拉紧，紧身的背心上有刺绣图案，方巾或领结根据个人的品位系成蝴蝶结或花结 ◆ 西服 19世纪末期西服上装出现，它很快成为普遍的常礼服。西服上装肩部用衬垫垫得很高，腰部掐装饰褶。后来，出现了使用同种面料制作的长裤、马甲、西装的西服三件套	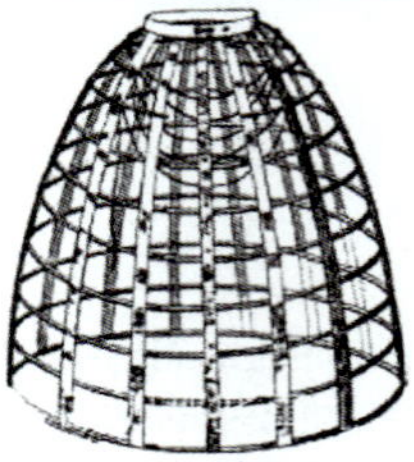 裙撑  华托服  燕尾服	
现代	◆ 牛仔裤 牛仔裤在英文里写作Jeans。当时一位名叫Levi Strauss的犹太裔商人把一种质地粗糙的面料引入美国，并用这种原本制作帐幕的帆布为旧金山从事淘金业的矿工们制造出一种质地坚韧、耐用的工作服。该工作服因其极佳的实用性能而迅速受到欢迎，后来经过一连串的演变，这种蓝色帆布面料的工装裤成为创造美国历史的一个神话。牛仔裤被广泛喜爱的原因是它同时具有浪漫、朴素、俏皮、平民化、亲切、随性等特质		

续表

历史时期	主要服装款式	主要款式图	历史特征
现代	◆ 迷你裙 迷你裙即超短裙，出现于 20 世纪 60 年代，玛丽·奎恩特第一个推出长度到大腿中部的裙子，与长筒丝袜、靴子结合成为当时的时尚。它带给女性行动的自由，改变了她们的行为与内心世界 ◆ 喇叭裤 喇叭裤最早出现在 20 世纪 70 年代，带有强烈的“嬉皮风格”，是男女兼用的中性化服装。喇叭裤臀部和大腿处裁剪得很贴体，从膝盖往下逐渐张开，呈喇叭状，使腿部长度得到拉长。起初喇叭裤的裤口并不是很大，而后演变得越来越极端，有的甚至长长地拖在地上。	迷你裙	20 世纪是服装发展的一个非常重要的阶段。艺术、社会形态、生活方式、生产力和科学技术的飞速发展都对服装产生了重大影响。多元与自由成就了许多服装设计精英。例如，迪奥、夏奈尔、伊夫·圣·洛朗、皮尔·卡丹、让·保罗·戈尔捷与维维安·维斯特伍德等都是为时装界做出过突出贡献的伟大设计师，有许多人至今还活跃在时装舞台上

综上所述，几千年来的中国服装样式虽然一直在变化，但是形状仍然维持了布匹平面展开的基本面貌，它是以平面裁剪为基础进行裁片的版型变化，重点更多体现在面料的制造方式、图案和色彩的变化上，同时还赋予服装许多寓意和内涵，充分表现伦理、道德、等级观念。纵观西方服装发展史，可以看出西方把服装作为人体的一个组成部分，在服装造型上强调立体空间效果，以立体裁剪为基础进行版型的变化，造型丰富，款式更新较快。

第 2 节　服装与服装设计

一、服装的基本概念

目前，我国服装设计的方式和方法在不断地走向成熟，然而服装的各种概念还不是很清晰，给服装学科和服装理论的研究带来了很大的障碍。现就服装中的一些基本概念归纳总结如下：

1. 衣服

衣服是指由服装材料制成的包裹在人体上遮盖和保护身体的穿着物，一般不包括鞋、帽、首饰等物品。

2. 衣裳

衣裳一方面是上衣和下裳的总称，另一方面是“衣服”的另一种叫法。

3. 服饰

服饰是指服装与服装饰品，或是服装与服装上的装饰物的总称。

4. 服装

服装一方面可以单纯理解为“衣服”，另一方面可引申为人体着装后的一种状态，体现人、衣服与周围环境之间的情感交流。

5. 时装

时装是服装比较时尚化的叫法，指富有时代感的、在一定范围和一定时间内流行的服装样式。

6. 高级时装

高级时装也叫高级定制装，源于欧洲古代及近代宫廷贵妇的礼服，是为特殊的、人数极少的客户群量身定做的，售价在十几万至几千万元，全部手工完成的定制礼服（见图1—2—1）。

7. 成衣

成衣是指在近代出现的按标准号型批量生产的成品服装，它有别于裁缝店和自己家里定做的服装。现在，在服装商店里购买的一般都是成衣。

8. 制服

制服是指具有标志性的特定服装，如服务员、工人、学生、军人、警察等特定人群穿着的服装。

Prada品牌的门店

Dior——时尚的代言人

Chanel——时尚的风向标

图 1—2—1　高级时装

9. 品牌

品牌是指服装生产厂商创立的商品标识、符号，目的是区别于其他厂商生产的产品。随着服装行业的快速发展，服装已经进入品牌消费时代，可以说品牌是使服装产品通往国际的通行证。

10. 服装结构

服装结构俗称服装裁剪，又称服装结构设计、服装纸样设计，内容包括平面裁剪技术和立体裁剪技术。服装结构主要研究服装裁片的规律性以及与人体结合的美观性。

11. 服装工艺

服装工艺是指采用专用的制作设备和一定的技术手段，将衣片缝合，使服装成形的技

艺和过程。在服装设计之初就要全面考虑服装工艺的问题。

12. 服装表演

服装表演是指模特穿着设计师设计的衣服进行展示，也叫服装秀，是服装展览的一部分，现在更多的是对服装品牌、服装设计师的推广。服装表演起源于19世纪，时装之父沃思首创了使用真人展示服装，大大提高了服装的艺术性和娱乐性，提升了设计师的地位。服装纺织权威机构、服装设计师、服装制造厂商都会在每一季推出新的服装样式，召开展示会，进行服装表演。

二、服装的种类

服装种类繁多，可按以下标准进行分类：

1. 按性别分类：男装、女装。

2. 按年龄分类：婴幼儿服装、童装、少年装、青年装、中年装、老年装。

3. 按季节分类：夏装、冬装、春秋装。

4. 按穿着形态分类：内衣、外衣。内衣紧贴人体，起护体、保暖、塑形的作用；外衣则由于穿着场所不同，用途各异，品种类别很多。

5. 按用途分类：学生装（见图1—2—2）、运动装、职业装、礼服、休闲装、舞台装等。

6. 按风格分类：运动风格、嬉皮风格、休闲风格、嘻哈风格（见图1—2—3）、都市风格、民族风格、波西米亚风格（见图1—2—4）、学院风格、欧美风格、通勤风格、中性风格、田园风格、朋克风格等。

图1—2—2　学生装

图 1—2—3 嘻哈风格

图 1—2—4 波西米亚风格

7. 按面料的组织结构分类：针织服装、梭织服装。
8. 按照原料成分分类：纯毛类、混纺类、纯化纤类、纯棉类、丝缎类等。

三、服装设计的内容和原则

服装设计在浅层意义上就是将服装款式的设想变为现实服装的整个思维过程，是对服装的款式、色彩、面料的构想。服装设计更深层意义上是以人为主体，实施过程中要综合考虑人的生活环境、生理因素、心理因素、流行特点以及生产过程中相关的技术性问题。

1. 服装设计的内容

在影视剧作品中常常会看到服装设计师坐在窗明几净的工作室内埋头创作的情景。其实不然，服装设计师的工作并不仅仅是在纸上画出效果图。从市场需求分析到新产品的设计推出，都需要设计师甚至是一个团队的努力。服装设计大体来说包括了以下内容：

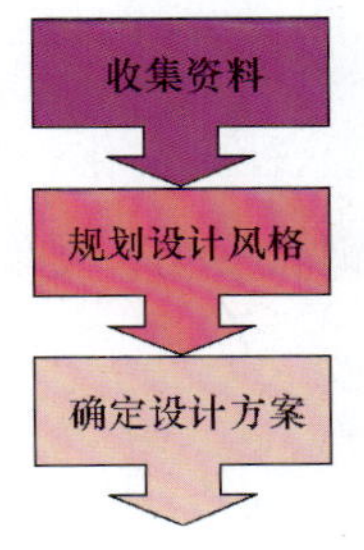

收集资料：在设计之前了解市场的各种信息，做好调查工作

规划设计风格：根据市场需要和企业品牌对产品的要求，设计出独特的具有创意的小样

确定设计方案：从服装的色彩、质地、工艺、定型、制作等方面确定方案

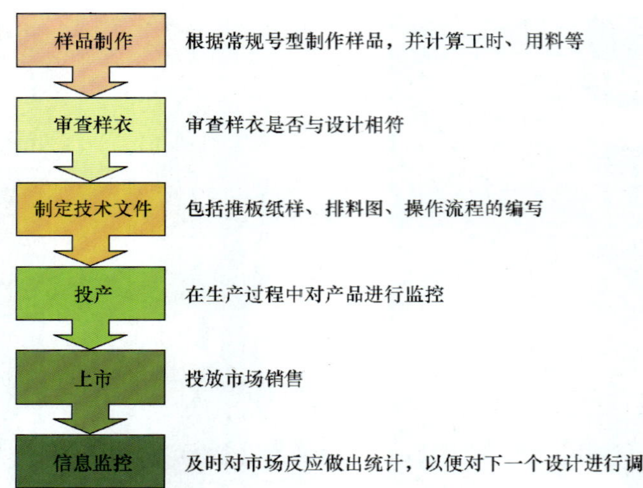

2. 服装设计的原则

（1）以人为本原则　服装设计应本着“以人为本，以人优先”的原则，充分考虑人的生理以及心理因素。生理因素主要指人体结构，如人体比例、体型特征、活动规律等内容；心理因素包括文化背景、审美意识、风俗习惯、个人情感等。掌握人或人群的基本情况，对设计服装技术参数有着非常重要的作用。

（2）体现整体原则　无论服装的款式、色彩、布料等方面的选配，还是与发型、妆容、首饰、鞋帽的搭配，都应从整体上考虑，这是设计的基本原则。服装是由各个局部组合而成的，局部之间要采取接近、类似、连续、重复等手法，达到整体协调的目的。

（3）TPO 原则　T 即时间（Time），P 即地点（Place），O 即场合（Occasion），TPO 原则是指人的着装要适应外部因素。时间包括季节和早晚两个层面；地点指要因地制宜，与服装穿着场所的环境相协调；场合指着装要与场所的氛围相协调。这三点基本上明确了着装与外部因素的协调性，也就是制约服装设计的外部因素。

（4）附加值原则　附加值是指服装产品额外的价值。服装的附加值已经引起了服装设计师们和服装企业的高度重视。凭借着新设计、新材料、新工艺、新功能和品牌文化，可以为服装创造出多重的附加利润。另外，对材料、人力、工时等方面的节约也是产品增值的方法，这一点是服装设计师应该注意的问题。

（5）创新原则　随着时代的不断变化，科研成果、生存环境、社会文化、审美意识、消费观念、环保意识等因素深深地影响着服装设计的理念。顺应时代变化，发现和预测流行的趋势，不断地创新，是服装设计师应该具备的素质。

本章小结

本章内容是我们学习服装设计之前要具备的基础常识。服装史中要格外重视中国服装发展历史的内容，中国服装的发展历史为中外设计师提供了丰富的素材。本土的设计师更要了解中国的文化瑰宝，借鉴并创新设计出中国名牌服装。

思考与练习

1. 叙述服装设计的工作程序以及内容。
2. 简要回答什么是服装设计的 TPO 原则，该原则如何在实践中加以运用。
3. 收集资料，了解更多的国内外服装品牌以及它们的定位。

第 2 章

服装设计基础手法

服装设计并不是玄之又玄的技能，大多数同学都可以通过有步骤地学习、训练寻找到服装设计与制作的规律，掌握服装设计与制作的基本方法。

学习目标

1. 了解服装画的种类与技法。

2. 了解服装造型要素——点、线、面的运用原理，掌握综合款式设计技巧。

3. 能够按照要求完成服装领子、袖子、门襟、口袋等部位的设计与制作。

第 1 节　服装画的种类与技法

服装画以绘画为基本手段，通过一定的绘画技法来表现服装的款式特征，展现服装穿着后的效果。服装画有别于其他的绘画种类，它的主体是服装的结构、面料的质地及设计的重点，是服装设计表达的途径，是专业设计人员的基本技能，也是设计师与工艺师之间的“桥梁”。近年来，时装画的表现形式不断增多，文化观念不断更新，已逐渐被广泛运用于广告业、传媒等各个领域，并向着更为宽泛的方向发展。需要强调的是，在众多的表现形式中，同学们应该掌握如服装款式图、写实的服装效果图等比较平实的表现手法，以描画服装款式以及穿着效果为重点，而不应该只追求画风的华丽与艺术个性。

一、服装画种类

根据不同的创作目的，服装画可分为以下几种类型：

1. 服装设计草图

服装设计草图是对设计师灵感的捕捉和构思的记录，为进一步完善设计作品做有效的参考（见图 2—1—1）。服装设计草图的特点是具有概括性和快捷性，并不追求画面的完整性。草图不刻意勾画人物形象和姿态，只勾画结构、款式和设计点，除了对人物的轮廓进行简单勾勒外，还可以补充简要的文字说明或附上相应的面料，体现最为直观的预示效果。所以在任何时间、任何地点，用一支铅笔，就可以进行服装设计草图的绘制。

2. 服装款式图

服装款式图是服装作为产品在生产和交易过程中被广泛运用的一种时装画。它更多地应用于大规模的成衣生产中，目的是让打板师和样衣制作者能清晰地看懂设计师的设计意图，明确地理解服装的结构与工艺。服装款式图多数不把人物作为主要描绘对象，其重点是表现服装的式样，有时为了说明服装与人体的关系只画出人物的局部或简练地表现出来，但对于制衣工艺中的关键部位，比如设计中省道的处理、面辅料的运用、特殊工艺的使用等，要进行细致刻画，有时还要补充文字或图例的说明。服装款式图最大的特点是工艺性、工整性和细节性，它具有很强的实用性，甚至具有“数字化”的倾向。服装款式图一般用黑白的线条清晰地表现结构即可，有时也可施以淡彩（见图 2—1—2）。

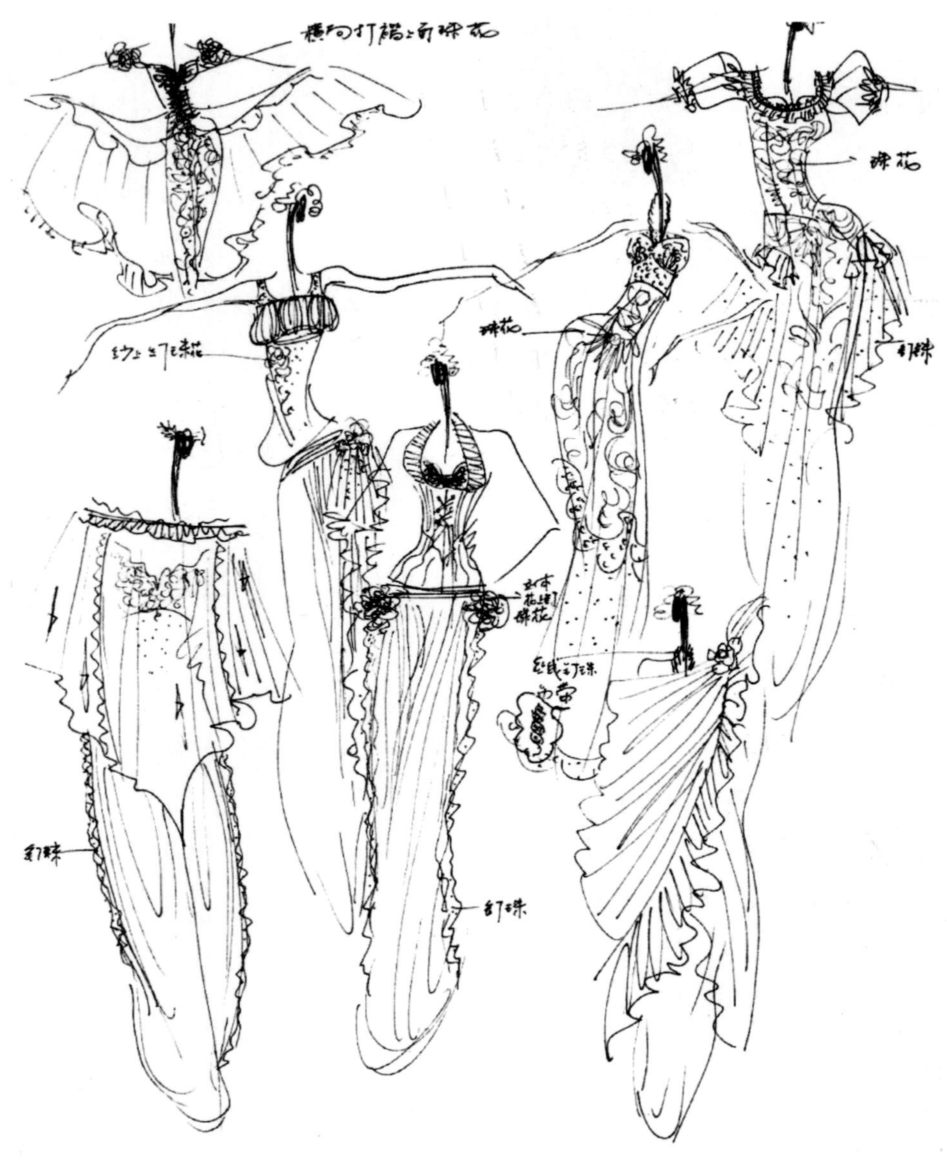

图 2—1—1　服装设计草图（作者：安晓冬）

拉链

图 2—1—2　服装款式图（作者：朱庆真）

提示

服装款式图是服装设计师必须掌握的一种绘画形式。

3. 服装效果图

服装效果图是对时装设计产品较为具体的表现，是在草图的基础上对设计师的构思进一步地完善。效果图款式表达清晰，色彩明确，面料的质感、纹样刻画具体，对画面有构图与形式感的处理，可以采取写实、写意或装饰等各类绘画风格来表现，具有一定的艺术感染力。图 2—1—3 为服装效果图，该图动态夸张，服装纹饰表现细腻，与背景相得益彰。

图 2—1—3　服装效果图（作者：安晓冬）

提示

服装效果图的种类与画风很多，与大肆宣扬意识以及个性的写意类绘画相比，表现穿着效果的写实类绘画是非常实用的，同学们要初步掌握写实类服装效果图的绘画。

4. 特殊用途服装画

（1）参赛类服装画 参赛类服装画是为参加服装设计或服装画比赛而绘制的系列款式设计图，创意感强。这类作品既要有欣赏性，又要准确、清晰地表达出作者的设计意图和着装效果。为了表现款式的细节和最终的穿着效果，参赛类服装画还要画出款式图，并贴面料小样、附设计说明，来体现设计的实用性和设计的完整性，使评委更好地领会设计师的设计思路。视觉效果丰富，同时注重服装的结构、款式和质感的表现是此类作品的特点。

（2）时装广告与插画 时装广告与插画是指在报纸、橱窗、杂志等处为时装品牌、产品、设计师、流行预测或时装活动专门绘制的时装画。它可以不具体表现时装的款式、色彩或面料质感等细节，只表达某种印象，所以它更强调艺术性、欣赏性，画面具有独特的魅力和感染力（见图 2—1—4）。在时装广告与插画中表现的服装往往是次要的，只起陪衬作用，有时甚至看不出款式的特征，其根本作用是以欣赏性与广告性为主，以商业性为最终目的。

图 2—1—4　克利斯汀·拉夸的时装画

（3）民俗服饰画 民俗服饰画是指表现各民族服装风貌的民俗性插画，是记录民族民间生活习俗的服饰画，手法细腻写实，图解性与欣赏性并重，如日本的浮世绘。民俗服饰画在一定程度上继承和发展了民族服饰传统。

总的来说，服装款式图与写实类的服装效果图注重实用性，而写意类和特殊用途的服装画更强调艺术和个性特点、强调创意，两者的创作目的不同，所以表现形式也有差异。

二、服装画表现技法

1. 人体结构

人体由上、下两部分组成，上半部分包括头、颈、躯干、臂、手，下半部分包括腿和脚。为了便于理解，我们把头、胸、骨盆简化为三个几何形的体积，肩膀与骨盆的关系简化为两条横线，活动量最大的脊椎简化为一条竖线，简称“一竖、二横、三体积”，这对研究和掌握人体的结构与动态有一定帮助（见图 2—1—5）。

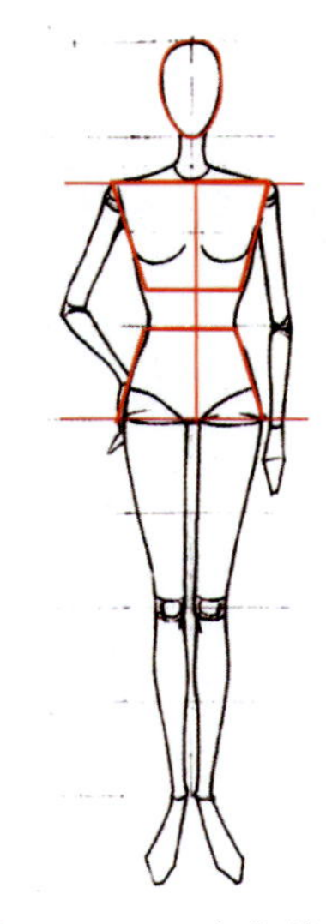

图 2—1—5　人体结构

一竖：即人体的脊椎，正面看为直线，侧面看为曲线。颈椎可前后仰、转动，腰椎活动可改变上半身方向。

二横：即人体的肩线和臀线。当人水平站立时，两线平行；当人体运动扭曲时，两线呈各种相对应状态。

三体积：即人的头颅、胸腔和骨盆，各自为一个整体。当人体运动时，这几部分重新组合，从而变化动态。

2. 人体比例

现实生活中的人体与理想美的差距往往在于比例。时装画中的人体不是一般绘画的人体概念，因为时装画所描绘的服装设计效果都是要突出某些特质，比现实的客观对象更鲜明、更理想化。所以，服装画中的人体比例应该更夸张，达到视觉效果的最理想状态。

时装画对人体的夸张首先是要求比例达到理想的观感效果。人体的比例一般以头部的长度（简称“头高”）为单位，通常要高于八头身比例。时装画中采用的人物比例通常是 8.5 个头高以上，一般来说比例为 8.5 ～ 10 个头高的服装画多为写实类风格。服装画中的夸张并不是均等地将人体拉长，而主要是适当加长下肢，形成以腰为分割点的上短下长的比例，这样不仅使设计整体悦目，还更具动态、节奏和力度。下肢的加长使人体的整体比例夸张到八头身以上的高度，相应的部位也随之夸张，如颈部、上肢的长度，手与脚的姿势，胸、腰、臀部的曲线等，使人体看起来更加修长。

提示

这里所讲的比例关系并不是绝对的，适当夸张局部的比例更符合视觉效果，能加强画面的形式感。在练习中，一味地拉长腿部，认为服装画的人物比例就是夸张腿部，其实是一种很概念化的理解。与实际人物比例相比，腿部的夸张固然是重要的，但是时装画的整体人物比例还需要根据时装画的风格以及服装来决定。

下面，以8.5头高人体的全身比例（见图2—1—6）作为标准，来分析人体各部分之间的关系。具体比例分段如下：

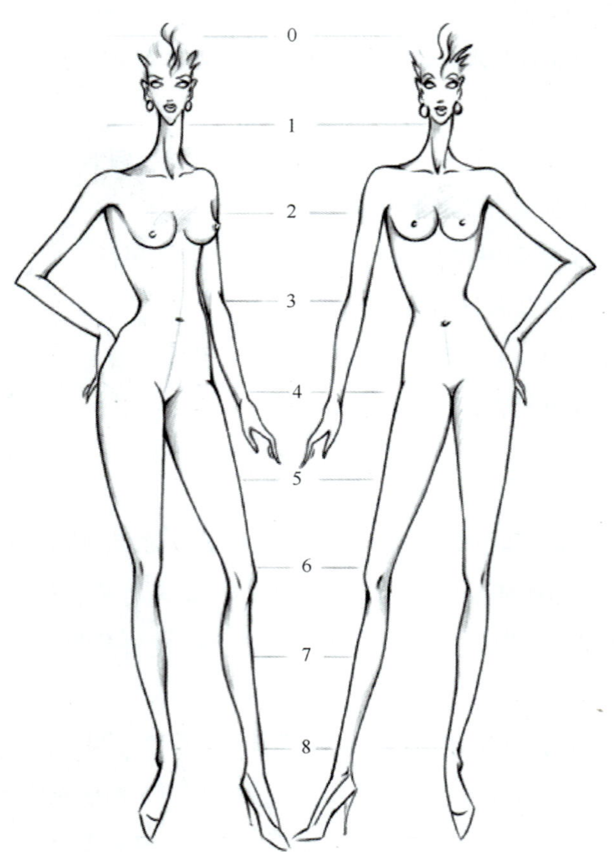

图2—1—6　人体比例（作者：安晓冬）

- 第一头高：自头顶至下颌底；
- 第二头高：自下颌底至乳点以上；

- 第三头高：自乳点至腰部；
- 第四头高：自腰部至耻骨联合处；
- 第五头高：自耻骨联合处至大腿中部；
- 第六头高：自大腿中部至膝盖；
- 第七头高：自膝盖至小腿中部；
- 第八头高：自小腿中部至踝部；
- 第八头半高：自踝部至地面。

3. 人体动态

人体的动态变化无穷无尽，其常用动态如图 2—1—7 所示。在时装画的绘制过程中，需要注意对人体姿态的选择，抓住那些动态过程中最能体现服饰美的角度，使之能够展现出服装的最佳效果，这点有些类似于京剧舞台上的“亮相”。

图 2—1—7　人体的常用动态（作者：郑惠群）

设计师要根据服装的款式特征选择合适的人体动态。例如，晚礼服和高级职业套装，常出现在隆重的场合，故多用动作幅度不大的优雅姿态；普通便装则可以采用有生活气息的姿态；普通鸡尾酒会的礼服，可选用扭动较大的动态，还可配上一些道具，使画面情景交融；活泼健美的服装姿态一般较夸张，四肢的方向变化较大。

另外，设计师还要根据服装的设计重点选择合适的人体动态。人体动态要能体现服装的大轮廓造型及重点局部造型，要充分体现设计师的设计意图。例如，展示所设计的服装

款式特征的最佳角度在服装的正面，那么就要选择一个正面或半侧面的姿态，而不可以选择侧面或背面的姿态；对称布局的服装，可以用侧身的姿态来表现，这样避免呆板；不对称布局的服装，最好用正面的姿态来表现不对称的程度；以背部造型为主的服装，尽量用背部朝外的动态来表现；侧面开衩的服装，采用侧身外斜的动态最能表现出开衩的效果；儿童服装，要捕捉到儿童的特点和玩耍时的姿态与神态。

提示

时装画中多采用理想人体的基本动态。动作幅度小，自由、放松，有一定节奏感的动态，适合表现一般的生活服装。以全身为主，采用正面、半侧面的形态，头与躯干动势不大，通过四肢变化出新造型，是设计师需要着重掌握的动态。在此基础上，变化夸张的动态就比较容易掌握了。

4. 男性人体比例与女性人体比例

男性人体比例与女性人体比例大致相同（见图 2—1—8），只是女性人体多由曲线构成，而男性人体属于直线型，颈粗，肩宽，胸廓宽大，上半身躯干呈倒三角形。男性与女性人体的主要区别在骨盆，男性的骨盆窄而浅；女性的骨盆较大，身体较窄，胸廓小，颈长，描绘时要强调其苗条修长的特点。女性肌肉不明显，描绘时还要重视胸部与臀部的曲线；而表现男性的体型时，则要强调其魁梧、肌肉结实发达的特点。

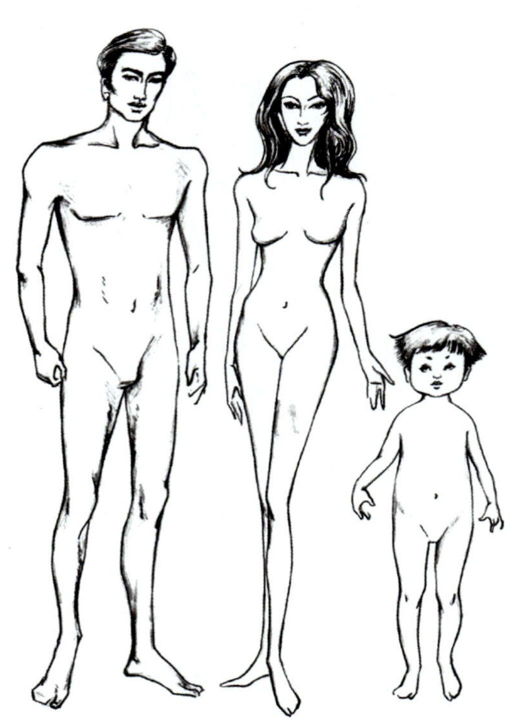

图 2—1—8　男、女、儿童人体比例
（作者：郑惠群）

5. 儿童人体比例

儿童人体比例与成人不同，随着成长阶段的不同，变化十分显著。婴幼儿时期头较大，腹部突出，手和脚略胖，腰部不明显（见图 2—1—8）。描绘儿童时可用三头身，随着儿童年龄的增长，头身的比例逐渐变化，从五头身、六头身直至成人人体比例。

三、服装画绘画步骤

1. 服装画人体基本型绘画步骤（作者：安晓冬）

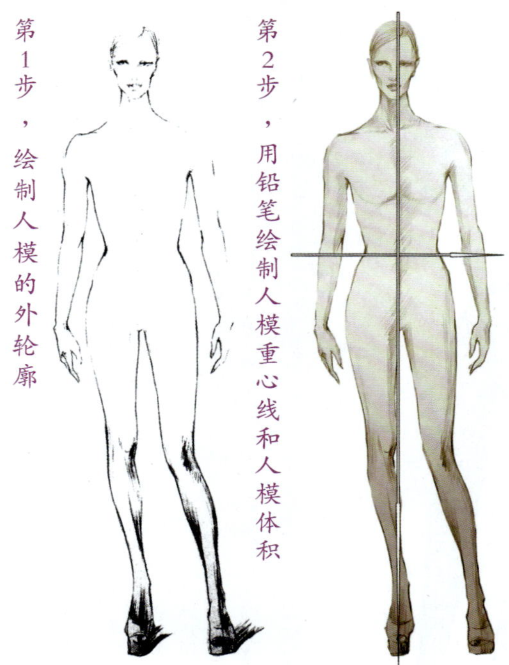

第1步，绘制人模的外轮廓

第2步，用铅笔绘制人模重心线和人模体积

第3步，用麦克笔绘制人模第一遍基调

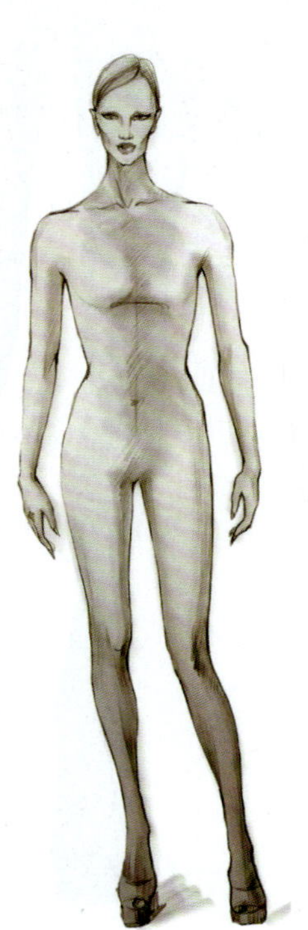

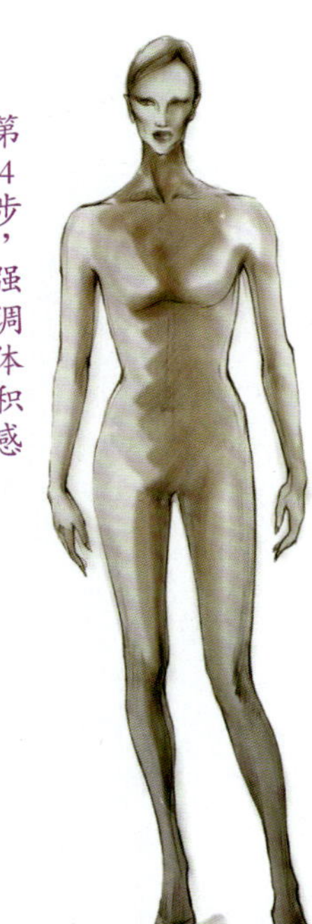

第4步，强调体积感

第 5 步，整理

用水溶彩铅强调人模的人体体积感，可以根据需要确定人模数量、进行构图。

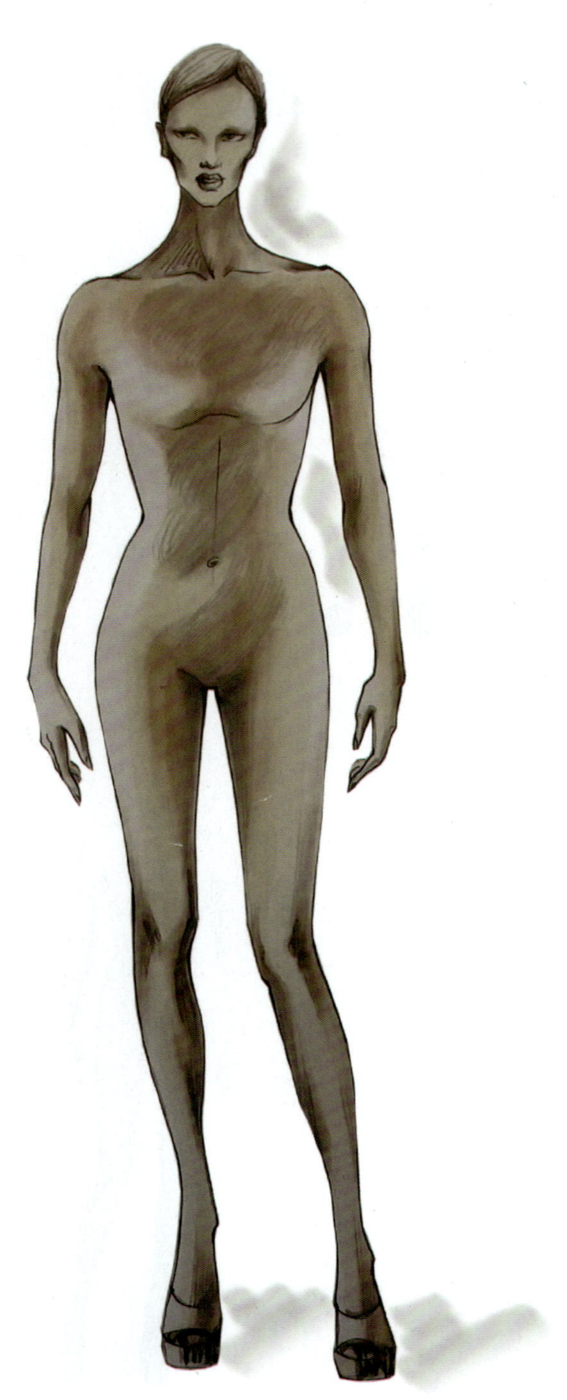

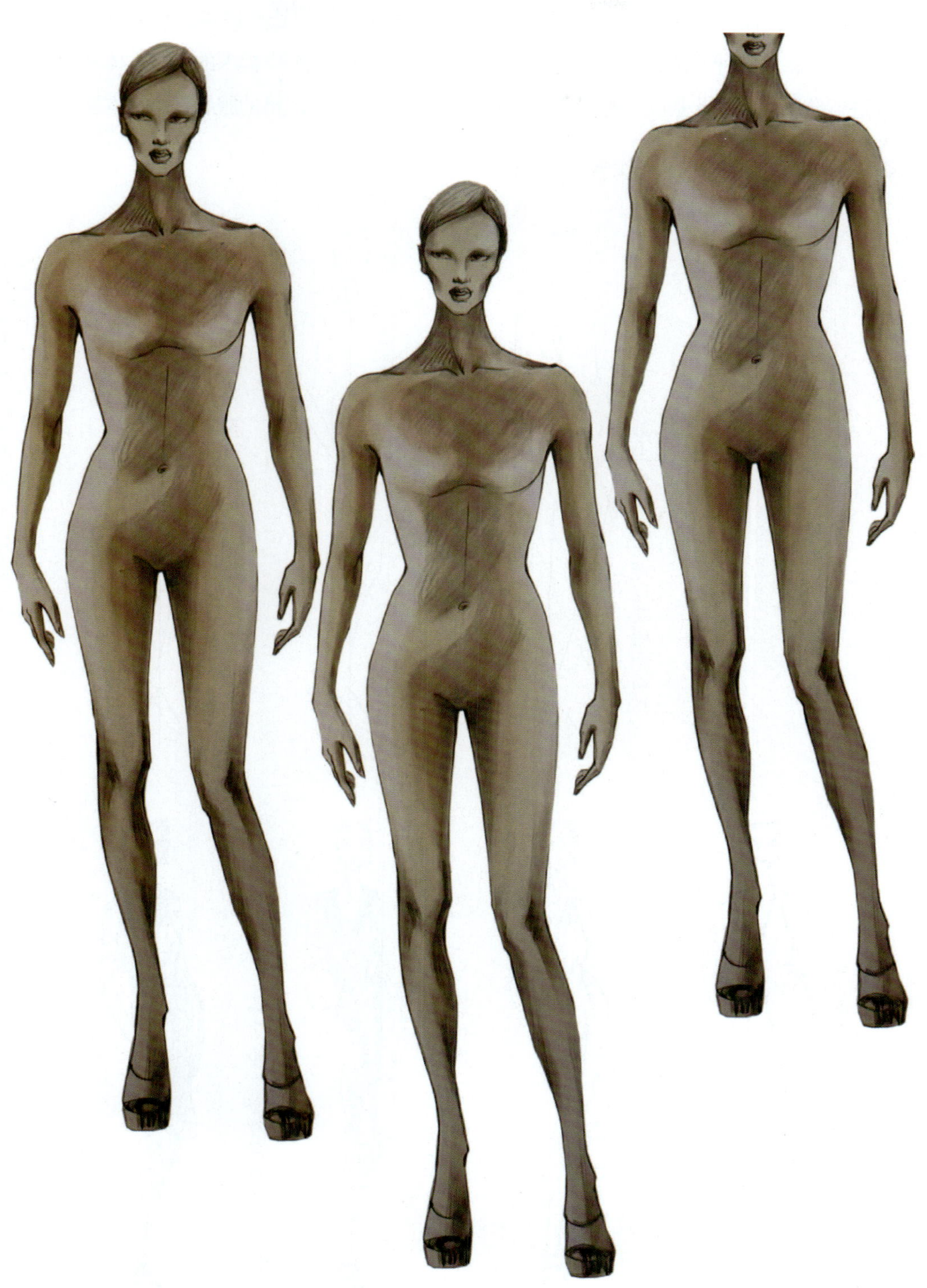

以上服装人体基本型的使用有两种方法：第一种方法，初学者可以直接用白纸覆盖在书中提供的服装人体基本型上，将其直接拷贝下来，根据需要可以选择拷贝的数量及人体基本型摆放的位置；第二种方法，有一定绘画基础的人员，可以按照书中提供的服装人体基本型绘画步骤进行绘制，并在此基础上进行风格的创新，绘制出有个人风格的服装人体基本型。

2. 服装效果图绘画步骤（作者：安晓冬）

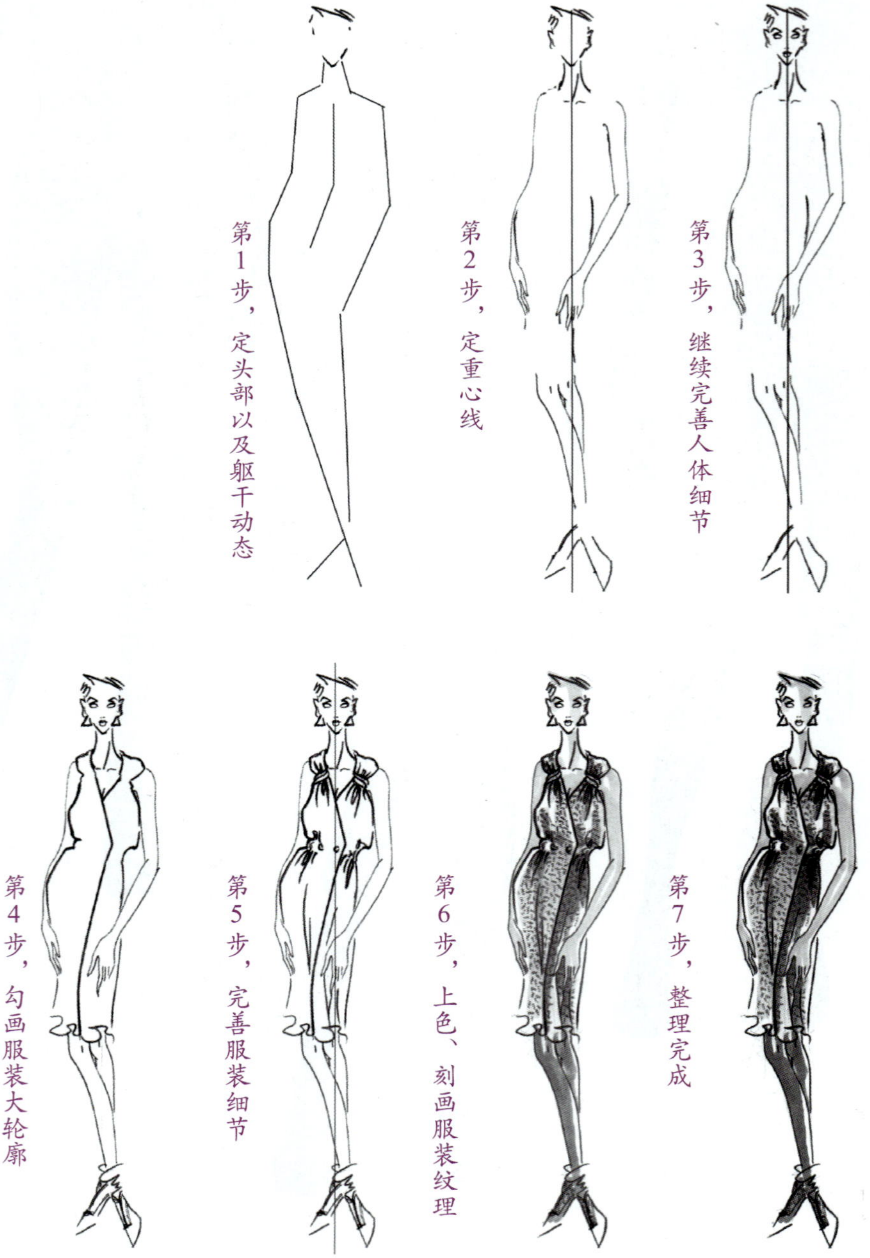

第1步，定头部以及躯干动态

第2步，定重心线

第3步，继续完善人体细节

第4步，勾画服装大轮廓

第5步，完善服装细节

第6步，上色、刻画服装纹理

第7步，整理完成

3. 服装款式图绘画步骤

服装款式图通过平面特有的表现手法，能够较为全面地将款式从正面、背面、侧面以及局部展示清楚。款式图一般采用规则的线，工整而规范，客观而详尽。

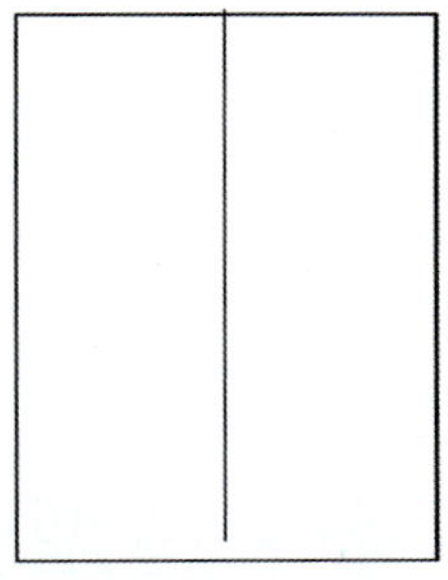

第 1 步，画出服装的大体比例以及中轴线

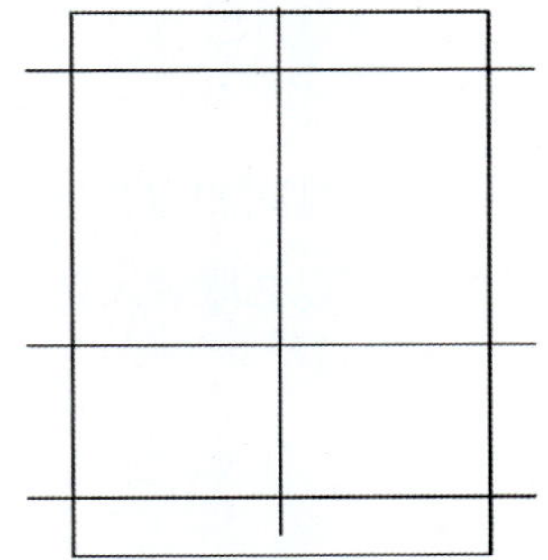

第 2 步，画出肩、腰、下摆的位置

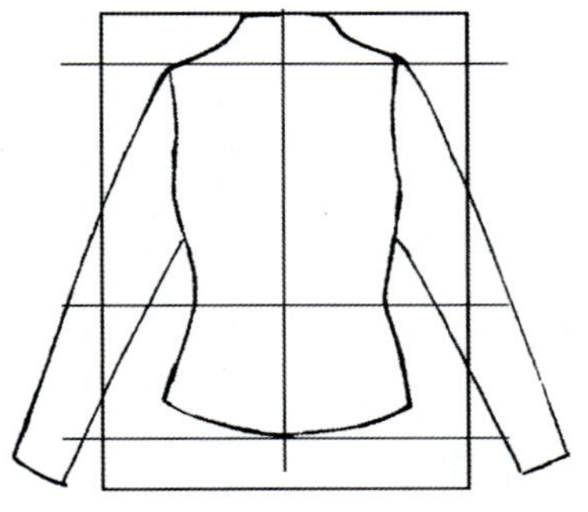

第 3 步，勾画出大体轮廓

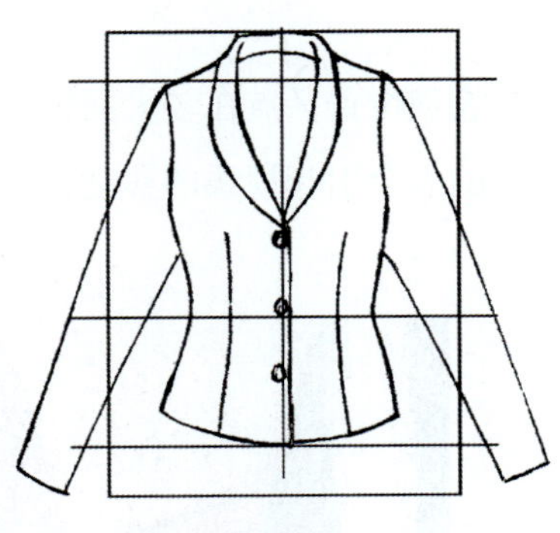

第 4 步，勾画细节

第 5 步，整理完成

服装款式图相对于服装效果图来说更容易掌握，可以适当借助于尺子等工具进行描绘，也可以使用普通彩色铅笔、水溶性彩色铅笔、麦克笔或水彩上色。在实际练习中会遇到许多变化款式，因此掌握款式的比例与设计细节是画好服装款式图的要领。

提示

服装画是服装设计的基础，是设计师的工具。想要得心应手地使用服装画，就要多加练习，除此之外还要多观察、多思考。

第 2 节　服装造型要素设计

服装造型要素也像其他设计领域一样，讲究点、线、面的排列和组合形式。但是服装中的点、线、面的不同之处在于它们同时具有实用的内容，所以在服装设计中可以考虑的因素就更多、更灵活。

一、点的运用

1. 点的特质

点是视觉上最小的视觉形态，它的主要特质就是表现位置。点在较大面积上会显得突出，有较强的吸引视线的作用，而多个反复的、聚散的点会引起视线的移动，使服装产生一定的动感。

2. 点在服装设计中的运用

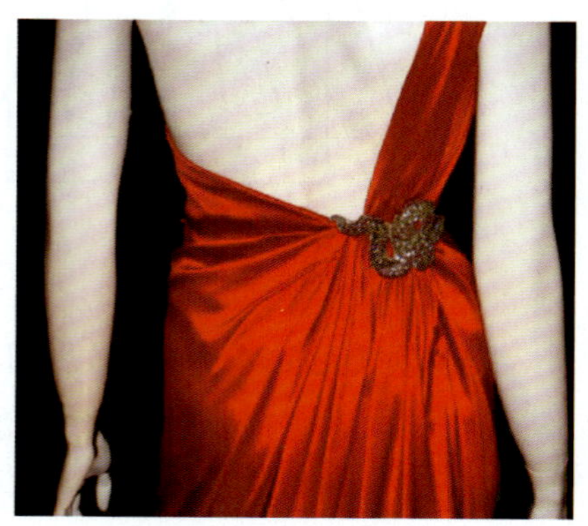

图 2—2—1　点的表现形式

（1）点的表现形式　点在服装中的表现形式较多，通常把服装中的纽扣、胸花、领结、小面积的图案、线条的交叉点等视为点（见图 2—2—1）。因为它范围宽泛，所以材质很丰富，单就纽扣来说，材质就有塑料、金属、布面、贝壳、木头、骨头、陶瓷、丝绢等。点的形状可以分为几何形，如方、圆、三角等；自然形，如花、叶、果、虫等；还有随意的不规则形状。

（2）点的作用 点具有注目、突出、引诱视线的作用。点相对于线、面来说，更单纯、整洁，有画龙点睛的视觉效果。

◆ **大点的组合** 大点的组合活泼、跳跃、性格强烈，所以一般配以对比强烈的色彩。点排列的疏密、点的大小、点的形状的变化都会产生强烈的趣味性，如动物的斑纹、大花等（见图 2—2—2）。

◆ **小点的组合** 小点的密集排列会形成一片的感觉，一般配合淡雅的色彩，远看呈灰色调，有文雅、恬静之感。

图 2—2—2 大点的设计运用
（作者：安晓冬）

提示

点因为面积较小，造型可以适度夸张、突出创意，我们还常常看到很多服装通过色彩、质地的对比手法来突出点的装饰效果。

二、线的运用

1. 线的特质

线是点移动的轨迹，呈细而长的形态，起到贯穿的作用。线的性质与形状、方向、长短、位置、粗细有关，具有方向性、轮廓性、灵活性、装饰性等特征。

2. 线在服装设计中的运用

（1）线的表现形式 在服装中有细长的缝合线、省道、衣褶线、花边、带状饰物、条状印花、线状印花等线的形式（见图 2—2—3）。线条的方向有垂直线、水平线、斜线等。

图 2—2—3 线的运用

（2）线的作用

◆ 垂直线　垂直线在一定意义上有重力、上升、挺拔之感，受视错觉的影响有苗条之感。在服装中，纵排的纽扣、裤线都强调了整齐和统一。当服装中垂直线数量较少时，会显得强劲有力、视线集中。垂直线之间距离越大，就显得越宽阔；随着垂直线数量的增加，会产生空间混合的效果。

◆ 水平线　水平线有舒展、广阔、庄重、安静之感。在服装上，肩部的育克（肩部拼接部位）横线条尤其是粗横线，强调了肩宽，给人威武之感。横线的粗细、间隔不同，也会产生不同的视觉效果。

◆ 斜线　斜线属于直线的一种，具有一定的角度，在视觉上给人不稳定、活泼、动感等印象。斜向分割线装饰经常出现在运动服、休闲装的设计中。

◆ 曲线　曲线可以分为规则曲线和不规则曲线。曲线能够表现出女性的活泼、流畅、温柔和丰满的感觉，在视觉上有流动的美感。

总体来说，直线给人简洁、便利、单纯、粗犷之感。除此之外，粗线显得坚实、厚重，细线显得纤细、敏感和精致。曲线具有女性化的特征，柔美、浪漫、自然。线在各类服装中的运用都很广泛，灵活的手法和材质的综合运用是成功的秘诀。

三、面的运用

1. 面的特质

面是造型设计的另一个重要元素，有正方形、三角形、圆形和不规则形等，具有一定的幅度和形状特征。

2. 面在服装设计中的运用

（1）面的表现形式　面在服装中是必然存在的，因为服装面料经过加工就形成了被分割的面。不过如何分割面料，如何运用各种面料的特性更好地表现设计师的设计意图，就要认真地思考了（见图 2—2—4）。

（2）面的作用

◆ 直面　直面具有稳定、庄重的特征，在制服的设计中经常用到。

◆ 曲面　人体的起伏就已经决定了服装的衣片是曲面的，有些设计在弯曲的角度上加以突出，借此追求人体的线条感。曲面同样具有曲线柔美、丰满的效果。

◆ 自由、无规律的面　自由、无规律的面形状变化不受限制，设计师们经常从花朵、虫翼和偶然形状的面中获取灵感，使服装的面具有明快、活泼、随意的感觉（见图 2—2—5）。

图 2—2—4　面的表现形式（Dior）

图 2—2—5　自由、无规律的面（伊夫·圣洛朗）

四、综合运用

众所周知，服装最主要的特征就是实用性，要为人服务，既要便于穿着、便于活动，又要起到美化的作用。在常规的服装设计中，经常把点、线、面结合起来运用，既要有结构上的裁剪与缝合的线、面要素，又要有便于穿着的纽扣或装饰用的图案。所以，通常情况下，一件服装点、线、面是共存的，这几点要素要互相配合，才能相得益彰（见图 2—2—6、图 2—2—7）。

提示

日常服装的各个构成元素之间的协调性是设计成败的关键，但也不乏有些设计师为了表现设计个性打破和谐，在某些特定品牌和特定服装中强调反差与突兀的效果。服装设计师要具有分析服装品牌特点的能力。

图 2—2—6　综合设计（作者：安晓冬）

图 2—2—7　点、线、面的综合运用
（绣秀工作室）

第 3 节　服装廓形设计

服装款式是服装构成要素中最基本的内容，是服装重要的组成部分。服装款式设计是指运用艺术创作形象思维及美学规律和一定的设计程序，将设计师的设计构思以绘画的手段表现出来，并选择适当的材料，通过相应的裁剪方法和缝制工艺，使设计构思进一步实物化的过程。服装款式设计包括服装外部轮廓的整体造型设计（廓形设计）与内部结构设计（局部设计），外部轮廓与内部结构既要相互协调又要具有设计的亮点和特色。掌握了廓形与局部的设计方法，就基本掌握了服装造型设计的基础。

一、廓形的种类

服装的外轮廓即为服装的廓形，是指人体穿着服装后整个人体的外在形状，也就是服装的外部造型剪影。廓形种类有很多，随着时代的变迁，时尚流行不断变化，廓形成为当今服装设计的重点。服装基本廓形见表 2—3—1。

表 2—3—1　服装基本廓形

服装廓形种类	款式	特征
自然型		贴合人体，强调女性的三维曲线，突出女性魅力，体现女性特质和优雅风格
H 型（四方型）		宽松、离体，又称“离体型”，服装从肩部到下摆的宽度几乎相同。由于缺少曲线变化，所以给人中性、简洁干练的感觉

续表

服装廓形种类	款式	特征
V 型		上衣下摆或裙脚顺势倾斜收拢。特别强调肩宽，使倒三角形突出，模仿男性的形体，有中性、干练、帅气的感觉
X 型		与沙漏形相似，服装的腰部位置贴合人体，腰部以上和以下部分向外扩张，是对女性身体曲线夸张的表现
A 型		从肩部向下摆散开，主要用于大衣、上装或礼服，肩膀多处采用插肩，强调下摆的宽大程度，给人修长、优雅的感觉。A 型是 20 世纪 60 年代代表性的服装造型，体现出年轻、可爱的风貌
O 型		肩部贴合人体，上装或裙下摆收束起来，中部鼓起，整体呈现卵形造型，如夹克衫、灯笼裙等

提示

当然，轮廓的造型还有很多，但是万变不离其宗，其余廓形都是在表 2—3—1 的基础造型上变化出来的。

二、廓形变化的基点

服装的造型离不开人体的基本特征及服装与人体的空间关系，因此服装的变化是有规律可循的。

1. 服装的部位

（1）肩　肩是上装的支撑部位，变化幅度并不是很大，但在设计上还是有坦肩、溜肩、耸肩等设计。皮尔・卡丹就曾经从中国古建筑的飞檐翘角中获得灵感，设计了颇有特色的肩部造型。

（2）腰　腰部在服装款式变化中有着举足轻重的作用，主要分为束腰与松腰的变换，就如同前面所讲的 H 型和 X 型廓形。另外，腰节高低的调整，也是变换的主要方式，可以带来比例上的差别。例如，我国唐朝的女装腰线曾经提高到了腋下，朝鲜族的民族服装也是高腰线。

（3）底摆　底摆是指服装的下部边缘，底摆的上下位置决定了衣裙的长短。另外，底摆的变化、装饰也是服装设计的亮点，常见的设计手法有形状上的设计和镶边、滚边、刺绣、加垂坠物等装饰手法。

2. 服装与人体的空间关系（见图 2—3—1）

（1）宽松式　宽松式服装除了支撑点外其余部位不与人体贴合，不符合人体各处的起伏变化。历史上曾经盛行过这样的款式，另外有些东方国家和气候炎热的国家也有穿着宽松袍服的习惯。宽松式服装在宽松的程度上可以达到比较宽松或极度宽松的状态。

（2）贴体式　贴体式服装与宽松式服装相反，除了必要的支撑点外，服装贴合身体，符合人体各部位的起伏状态。此类型的款式在服装史上也屡见不鲜。

图 2—3—1　服装与人体的空间关系（作者：郑惠群）

 提示

现代服装款式大都会围绕着高低位置和空间围度来变化。

第 4 节　服装局部设计

服装局部设计包括领子、袖子、门襟、口袋及其他部位的设计，服装局部设计也是十分重要的。随着服装廓形的变化，内部细节部分也随之相应变化。只有外部轮廓与内部结构之间以及所有的内部结构之间达到既和谐、统一又突出、强调时，该设计才可称为理想的设计。

一、领子的设计

领子除了有便于服装穿脱以及防风、御寒等功能外，因其距离人的面部最近，所以它对面部的装饰与修正作用最显著。但是领子又不是独立存在的，它要与服装整体的风格相协调，以突出、美化穿着者为根本目的。

1. 领子的种类

领子种类很多，大体分为无领和有领两大类。

（1）无领（领口领） 无领主要在领线的高低、形状以及装饰上进行变化（见图 2—4—1）。

（2）有领

◆ **立领**　围绕脖颈，垂直立有领座或领面的领型称为立领。因为立领呈竖起封闭状，所以立领不仅具有保暖的使用价值，还会显得穿着者挺拔、端庄、严谨、自信，例如中山装、学生装等。立领围绕着领面的高低、宽窄，领子的边缘线，领座的深浅、开门方式（如中开、侧开、后开等）等变化（见图 2—4—2）。

图 2—4—1　无领的设计（作者：安晓冬）

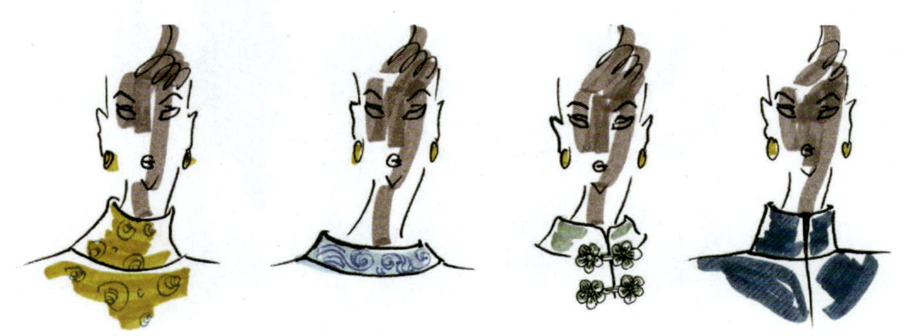

图 2—4—2　立领的设计（作者：安晓冬）

◆ 翻领　翻领是最为常见的领型之一，适用面很广，又富于变化，男女西服以及时装变化款中普遍使用这种领型。翻领线条明快流畅，在视觉上兼有刚健、挺括和柔美、典雅的效果。它主要围绕开门位置的高低、开门方式、翻领大小以及领尖形象等变化。另外，领面质地面料、色彩的搭配以及装饰的形式也是设计的重点。

2. 领子的设计要点

（1）要与颈部的结构及活动规律相吻合　脖颈是上细下粗的圆柱，从侧面看上去略向前倾，脖颈的横断面似桃形，立领领口造型应与横断面相似，领脚与颈上、中部要有一定的空隙，以便留有较大的活动余地。

（2）要与上衣的整体风格相协调　领子的设计除了领面、领口的变化外，还可以运用色彩、材料变化以及刺绣、镶、包、滚边等工艺来丰富（见图 2—4—3）。

图 2—4—3　领子的设计变化（作者：安晓冬）

（3）要与脸型相吻合（见图 2—4—4）

◆ **圆脸型**　圆脸型应避免穿着圆领衣服，适宜穿深领或尖角领型的衣服拉长脸型。

◆ **长脸型**　长脸型应避免穿长领衣服，适宜在颈部围围巾或挂短项链，适宜穿宽领、圆领衣服。

◆ **尖脸型**　尖脸型应避免穿尖领或 V 字领衣服，适宜穿一字领和宽领衣服增加横向感。

◆ **方脸型**　方脸型应避免穿宽大、横向扩张领型的衣服，适合开深领或大尖领或柔和的荡领领型。

图 2—4—4　脸型与领型（作者：安晓冬）

实训 1

领子设计与制作案例

以下提供的半胸人模图，可以有两种使用方法。其一，初学者可以直接用白纸覆盖在书中提供的半胸人模图上将半胸人模图拷贝下来，根据需要选择拷贝的数量及基本型摆放的位置；其二，有一定绘画基础的人员，可以按照书中提供的半胸人模图基本型的绘画步骤进行绘制，还可以在此基础上进行绘画风格的创新。

一、领子设计款式图绘画步骤（作者：安晓冬）

第 1 步，绘制半胸人模图

先画单个半胸人模图，再复制所需的数量，一般一排 3 个为一组，可两组或四组为一页。最后保存文件，命名为“半胸人模图”。

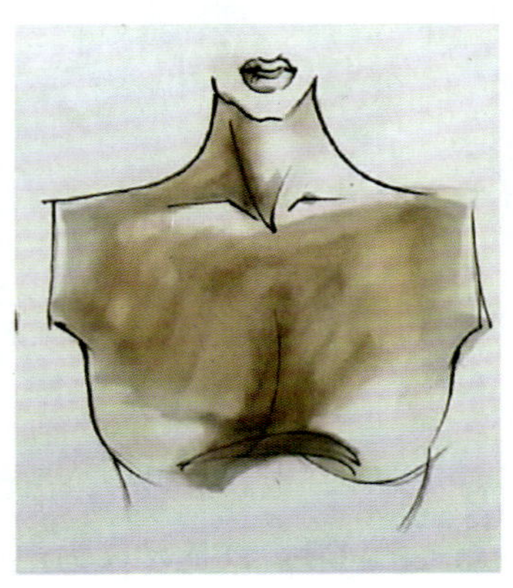

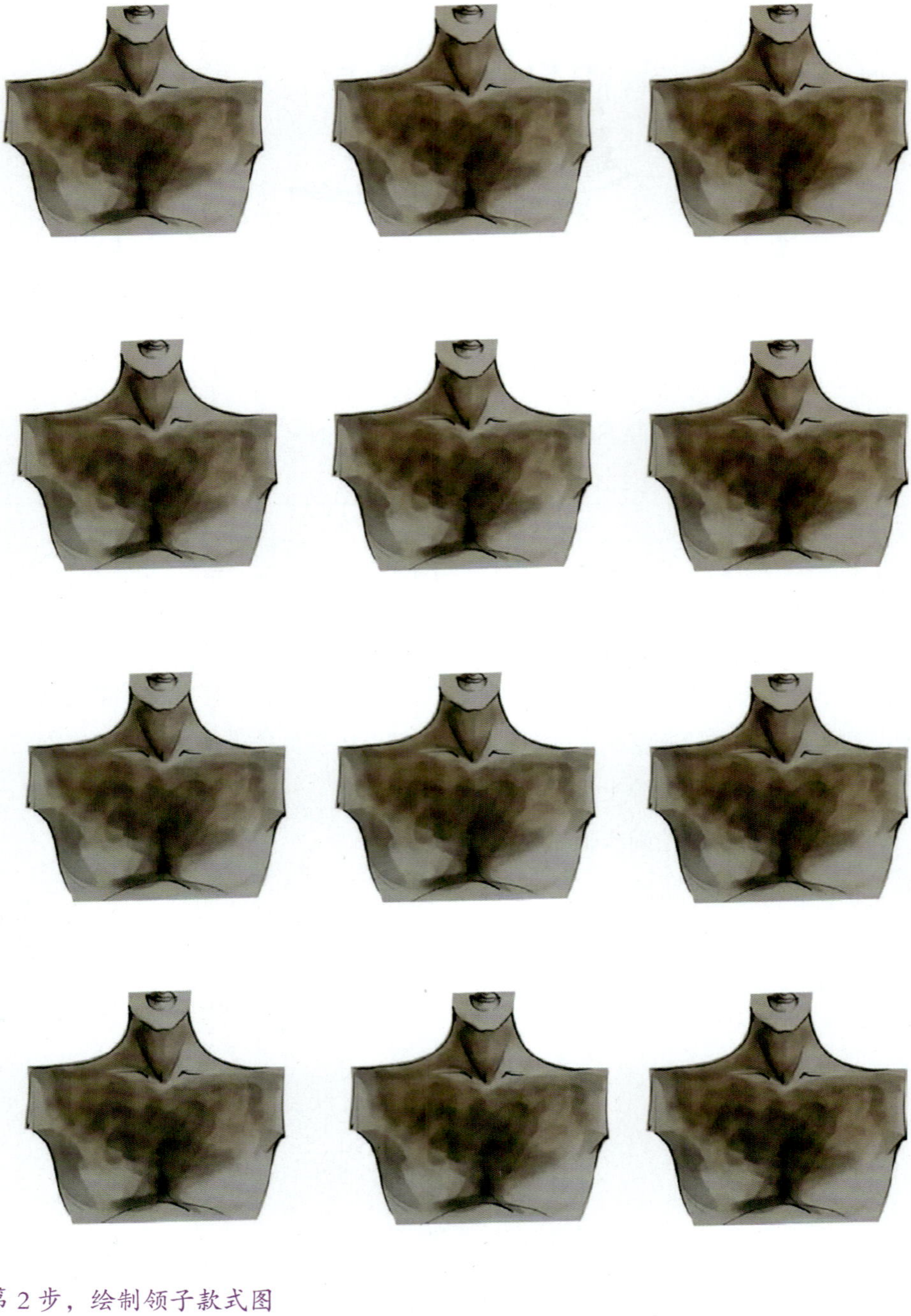

第 2 步，绘制领子款式图

使用拷贝台，放置领子半胸人模图，上面覆盖一张白色 A4 纸。先用铅笔绘制领子的草图，后用针管笔绘制领子的款式图。将款式图转换为电子文件，保存并命名为“A4 纸上绘制的领子款式图”。

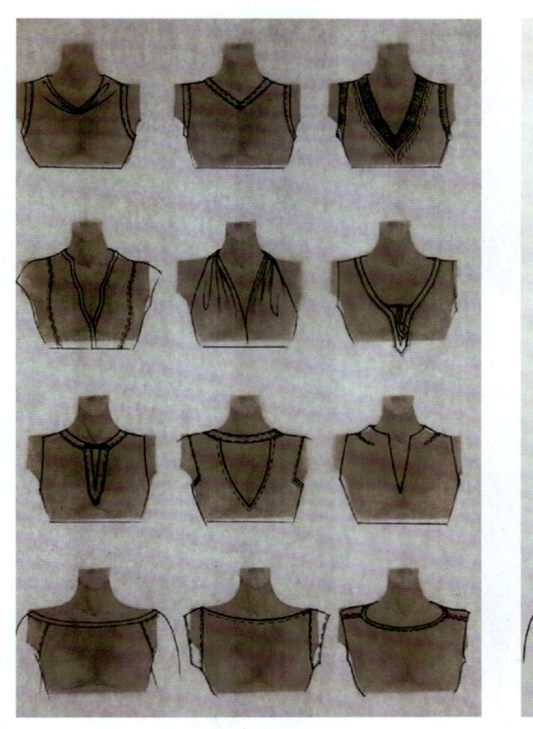
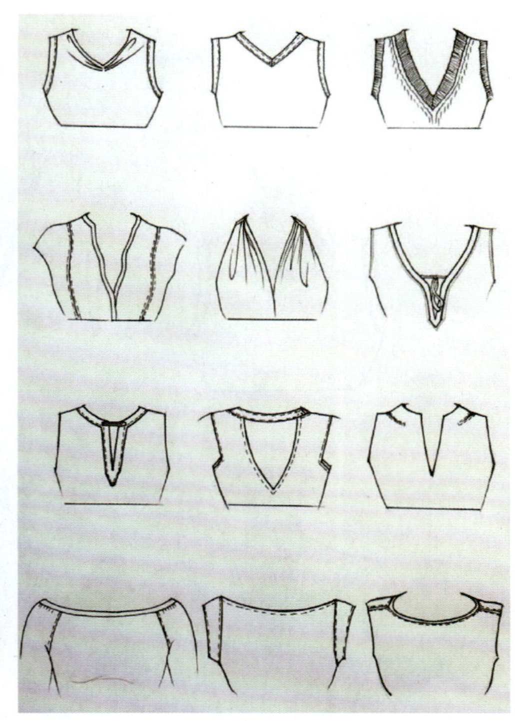

第 3 步，设计绘制无领款式

打开 Photoshop，调出“半胸人模图”和“A4 纸上绘制的领子款式图”两个原始文件。在“半胸人模图”原文件上使用 Photoshop 中的“钢笔”工具，勾勒出人模所需的外轮廓，点选“路径”工具中的虚线圆圈，按“Ctrl+C”快捷键进行拷贝；再打开“A4 纸上绘制的领子款式图”原始文件，按“Ctrl+V”快捷键进行复制；点选“编辑”中的“变换”工具对图片进行缩放、旋转、变形等操作，完成“A4 纸上绘制的领子款式图”同“半胸人模图”的合成。

第 4 步，整理

最后进行整理，完整绘制领子款式图。

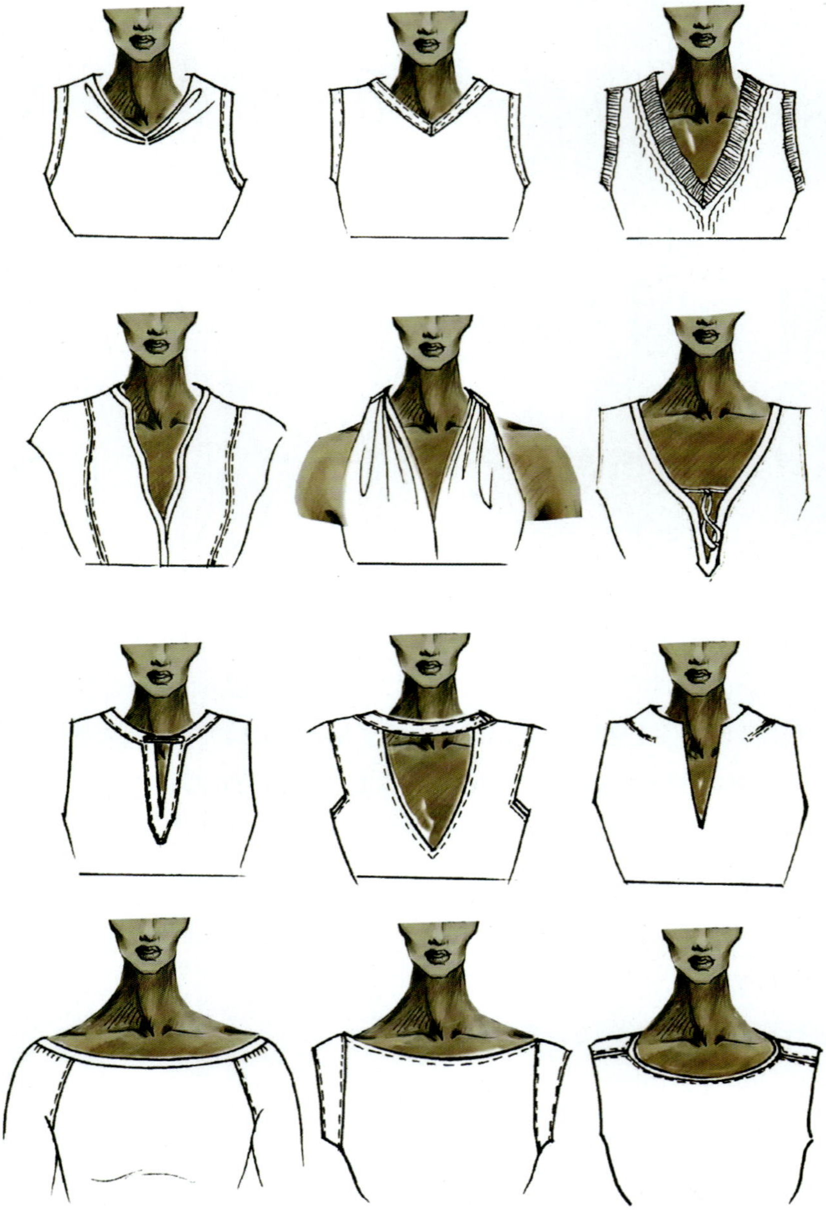

第 5 步，设计绘制立领、无领和翻领款

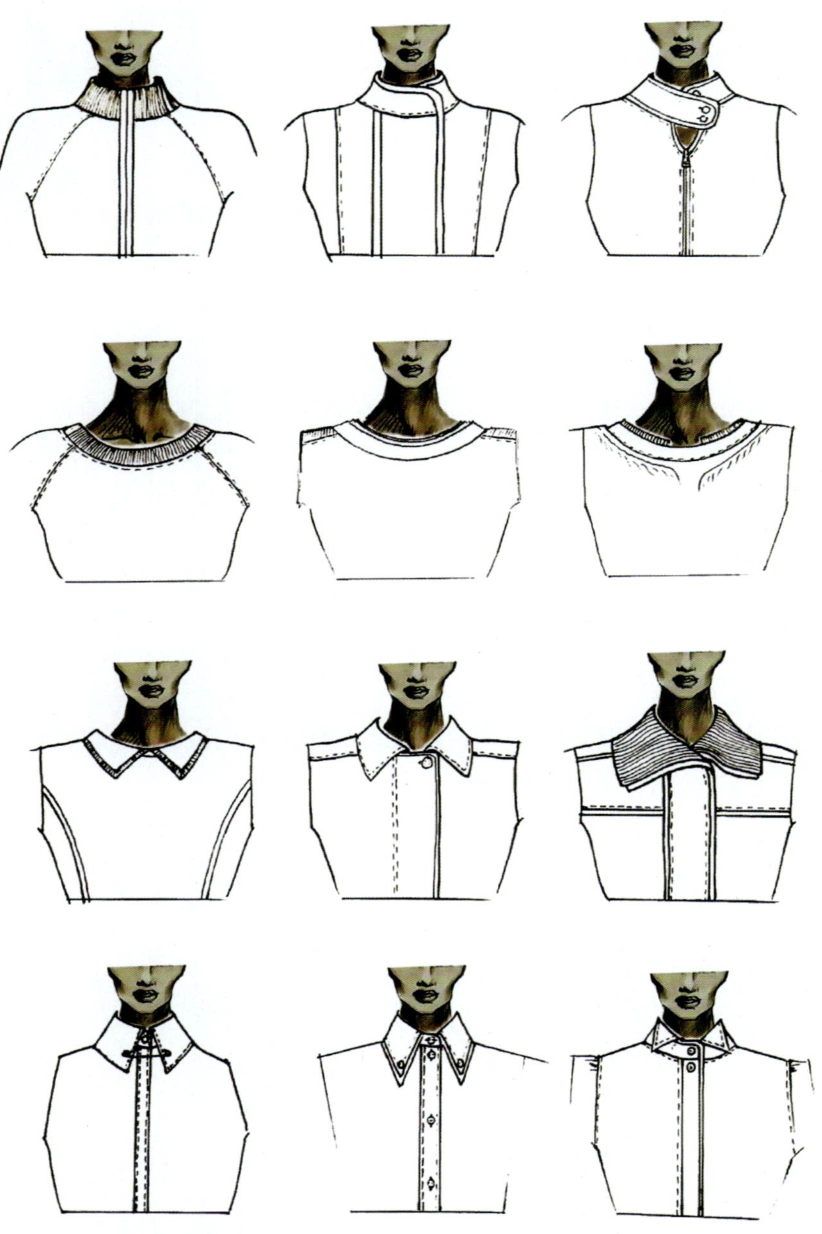

二、领子的制作工艺流程

1. 款式图

此款为荷叶边领与深 V 领线拼接，形成的波浪具有成熟、优雅的韵味。

2. 领子制作

第 1 步，绘制领口

在领子原型基础上画出领口和领子的形状，并在相应的位置画出分切线。

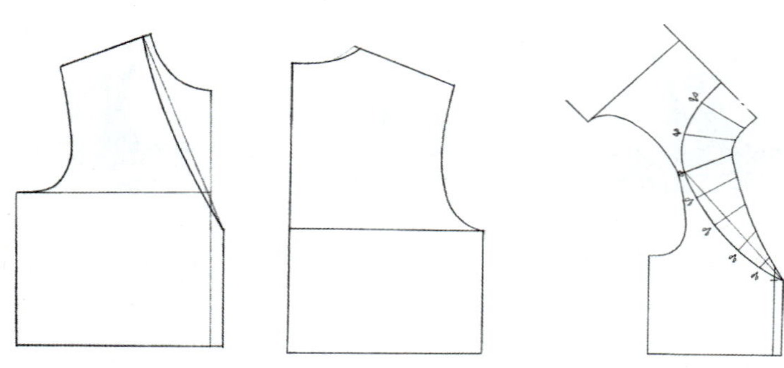

第 2 步，领子裁剪

把领形剪下，沿分切线切开领外口，按款式需要展开领外口。裁剪时领里口留 1 cm 缝份，外口不需要留缝份，可采用密三针包缝。

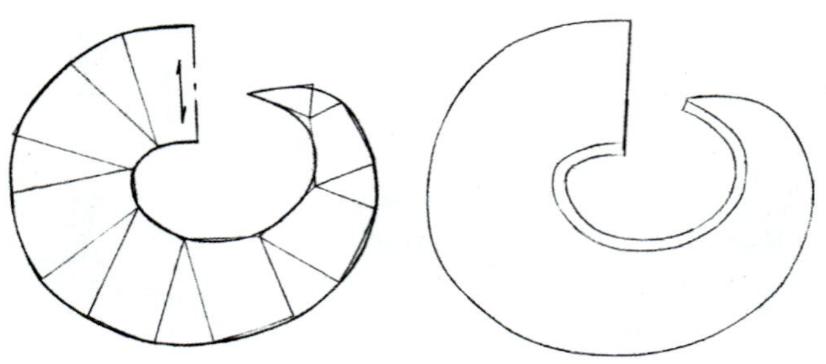

第 3 步，裁剪领子过面和领托

按照前、后身领口的形状画出过面和领托，裁剪过面和领托时在领口和子口处留出 1 cm 的缝份。

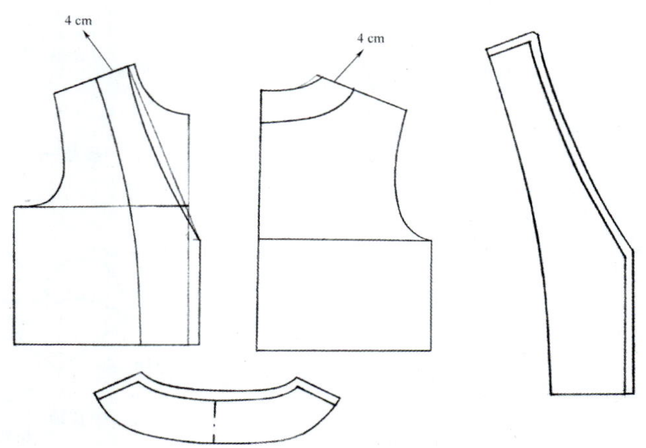

第 4 步，缝制领子过面

前片过面和后领托正面相对，拼接在一起，分缝，外口包缝。

第 5 步，领子缝制

（1）领子外口密三针包缝。

（2）大身与过面正面相对按净粉线缉缝，缉到领口处把领子夹在中间缉缝。

（3）翻到正面，子口熨烫平整，在肩缝处把过面和大身用手针固定。

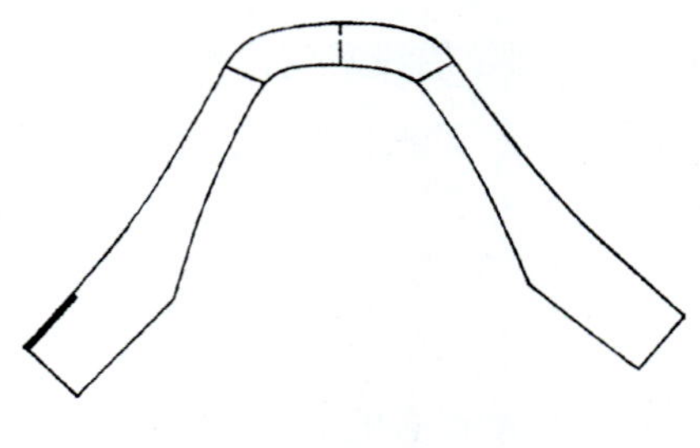

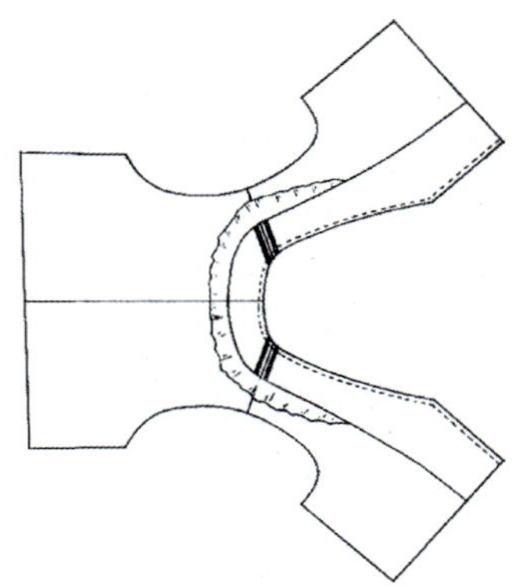

二、袖子的设计

袖子的造型包括袖窿与袖子两个部分。袖子的造型对服装造型有重要影响，同时袖型的设计还随着服装流行款式的发展而不断变化。

1. 袖子的分类

（1）按袖子的长度分类　袖子可分为长袖、中长袖、七分袖、中袖、短袖、盖袖、无袖等（见图 2—4—5）。

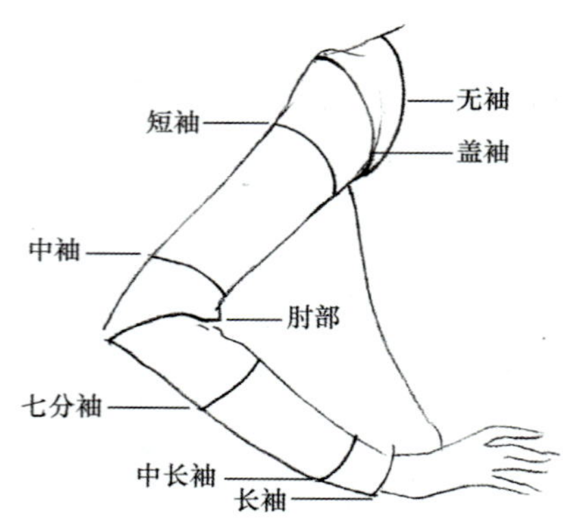

图 2—4—5　按袖子的长度分类

（2）按袖子与衣片的连接状态分类

◆ **连袖**　连袖（又称中式袖）肩袖一体，袖子与肩成 180°。当手臂下垂时，厚重的面料腋下会出现皱纹和棱角，柔软的面料却显得飘逸、舒适。目前连袖的应用还是比较广泛的，在中式服装、家居服中经常使用，我国 20 世纪 80 年代曾经风靡一时的蝙蝠袖衫采用的就是连袖。

◆ **装袖**　装袖是根据人体肩部及手臂的造型，将肩袖部位分为袖窿与袖山两部分，最后将这两部分装接缝合而成。装袖的袖型合体美观，挺括，有立体感，与连袖在裁剪和外观上截然不同。装袖的变化很多，主要围绕袖山和袖窿连接部位的高低、袖身造型、袖的长短等变化。装袖的种类十分广泛，有西服袖、钟形袖、羊腿袖、泡泡袖、灯笼袖等形式。

◆ **插肩袖**　插肩袖袖窿较深，袖山一直延伸到领圈线。插肩袖的袖山宽且高，袖窿和袖身的结构颇具特色，具有流畅、简洁、宽松等特点。连接部位的线条变化和不同质地、不同颜色的拼接形式是插肩袖的设计要点。插肩袖适用于大衣、风衣、夹克、连衣裙、运动休闲外套等自由松身型的服装。

2. 袖子的设计要点

（1）与上肢结构和行动规律相吻合　由于人体的上肢是活动最多的部位，所以在上衣的造型中袖子最具动感。人体上肢的三角肌的造型，要求袖山要圆顺饱满。当上肢自然下垂时，上肢微向前倾，向内弯曲，袖窿与腋窝刨面形状近似蛋形，袖子微微前曲，余量在后袖弯处。

（2）造型变化主要集中在衣袖相连的部位以及袖山、袖身、袖口处　袖子是服装设计的重点部位之一，设计师应根据穿着用途、流行特点和穿着对象进行袖子的造型设计（见图 2—4—6）。

（3）袖身的造型与大身协调　不同的衣身要匹配不同的袖型，才能显得和谐、统一。如宽袍大袖，窄袍小袖；若宽袍窄袖，则可以适当增加袖长，使整体平衡；上宽下窄的大身与上宽下窄、上窄下宽的袖子相配可以产生不同的效果。

图 2—4—6　袖子的造型设计（作者：安晓冬）

（4）装饰风格与其他局部装饰相协调　袖子除了在形式上要与服装其他局部造型相呼应外，在装饰手法上也要与其他部位相呼应或风格上使用相同的手法。例如领子采用中式立领，则袖口处使用滚边的手法，整体采用中国传统的装饰手法，从而使风格上达到和谐统一，产生美感。

实训 2

袖子设计与制作案例

一、袖子设计款式图绘画步骤（作者：安晓冬）

袖子人模图的使用方法同半胸人模图，具体详见“实训 1　领子设计与制作案例”。

第 1 步，绘制袖子人模图

先画单个袖子人模图，再复制所需的数量，一般一排 4 ～ 5 个为一组，可两组为一页。最后保存文件，命名为“袖子人模图”。

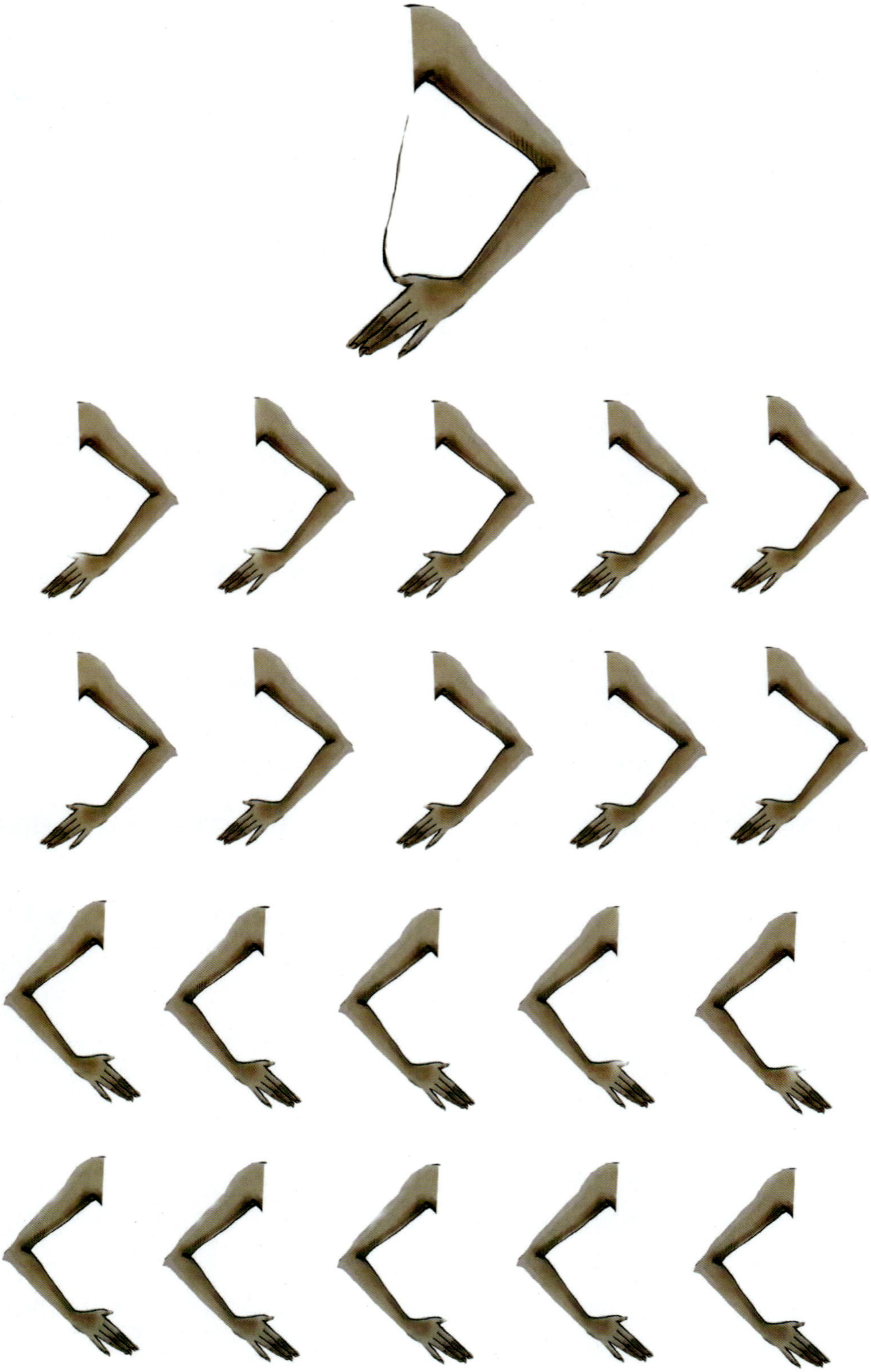

第 2 步，绘制袖子设计款式图

方法一：

（1）先在袖子人模图上覆盖 A4 纸，在 A4 纸上绘制袖子的款式图。将款式图转换为电子文件，保存并命名为“A4 纸上绘制的袖子款式图”。

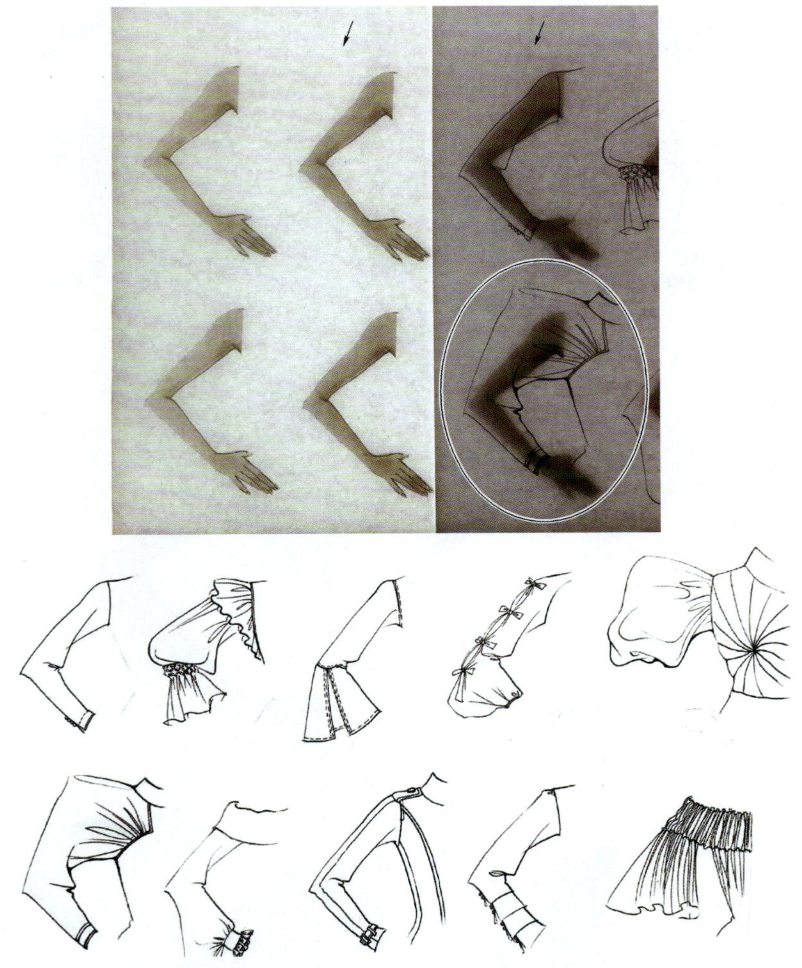

（2）将款式图与人模图合成。打开 Photoshop，调出“袖子人模图”和“A4 纸上绘制的袖子款式图”两个原始文件。在“A4 纸上绘制的袖子款式图”原文件上使用 Photoshop 中的“钢笔”工具，勾勒出第一款袖子的外轮廓，点选“路径”工具中的虚线圆圈，按“Ctrl+C”快捷键进行拷贝；再打开“袖子人模图”原始文件，按“Ctrl+V”快捷键进行复制；点选“编辑”中的“变换”工具对图片进行缩放、旋转、变形等操作，完成“A4 纸上绘制的袖子款式图”与“袖子人模图”的合成。

（3）最后使用“画笔”工具，点选画笔需要的颜色和种类，选择合适的画笔大小，点选“不透明度”数据及“流量”数据进行绘制，使两张图更加完美地结合，烘托气氛，

体现风格，形成较为完整的袖子设计款式图。

方法二：这种方式适用于从多张款式图中选取最佳款式图进行组合，完成最佳款式组合图。绘制流程是使用 Photoshop 中的“仿制图章”工具，对在多张纸张上画得比较满意的袖子设计款式图进行抠图合成，最终形成较为完整的袖子设计款式图。

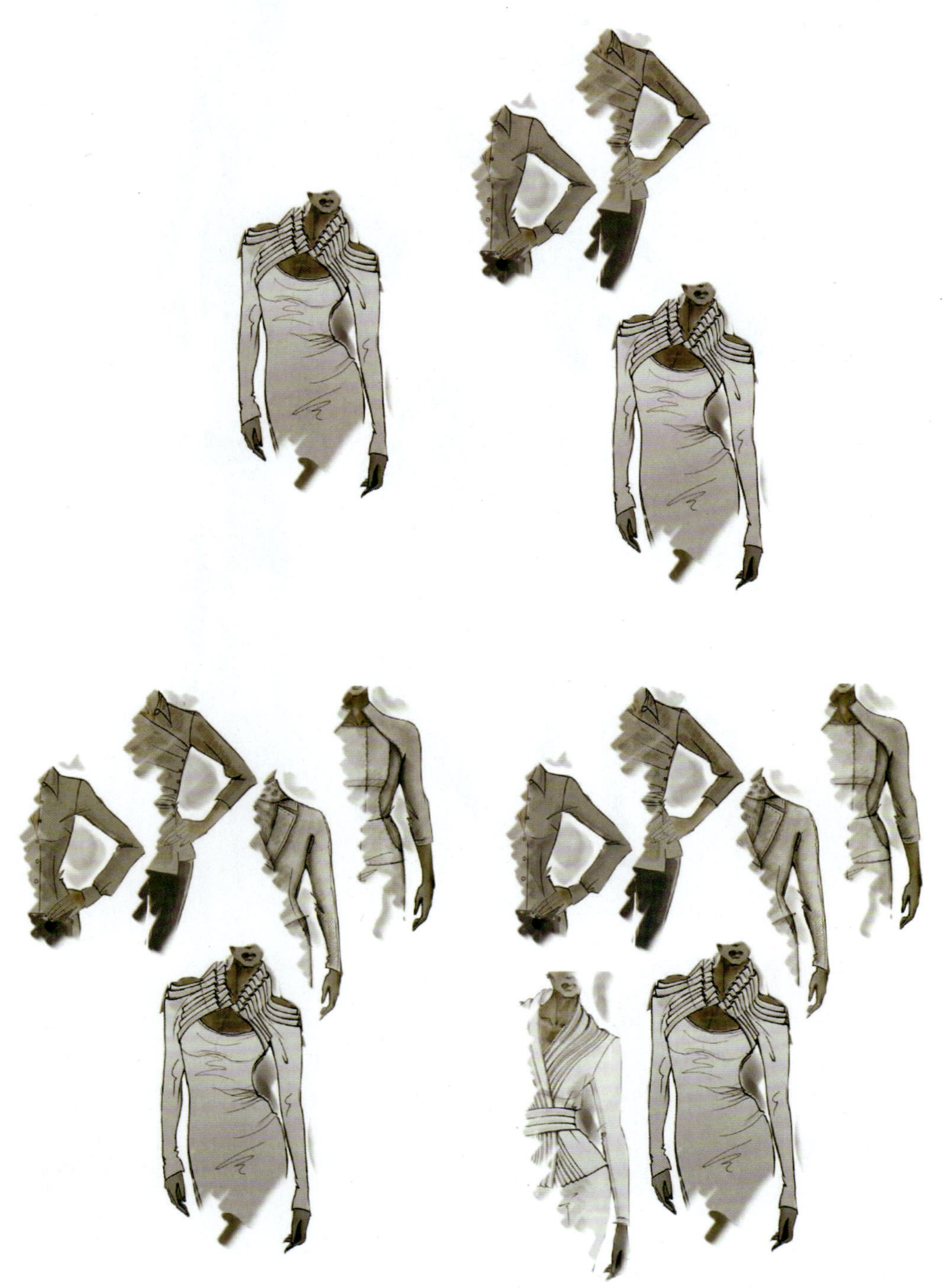

第 3 步，整理

最后进行整理，完整绘制袖子设计款式图。

二、袖子的制作工艺流程

1. 款式分析

此款袖子为宽松的一片灯笼袖，袖口往上 10 cm 处穿带子并收紧使袖口散开。

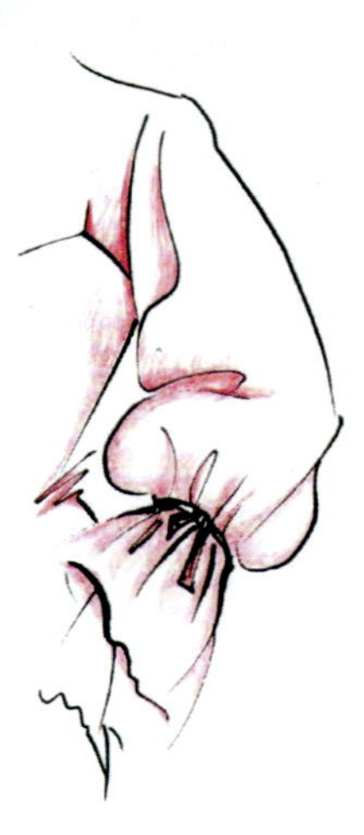

2. 袖子制作

第 1 步，袖子制板

在袖子原型的基础上放长 7 cm 左右，为了达到灯笼袖的效果，在前后袖根肥的 1/2 处、袖中线处进行分割、展开处理，以达到下图的样板效果。

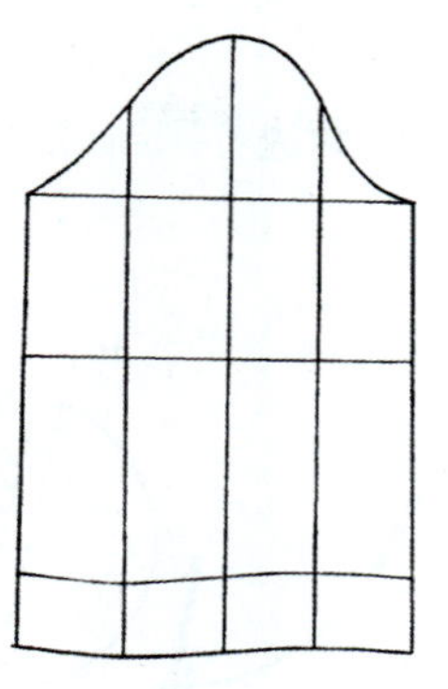

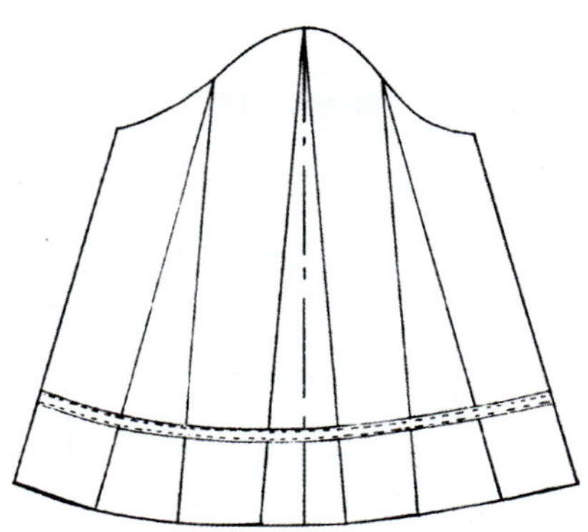

第 2 步，袖子裁剪

裁剪时，袖中线处保证直纱，袖山、前后袖缝、袖口处均留 1 cm 的缝份（如袖口处采用密三针包缝就不留缝份）。另外单裁宽 3 cm、长 65 cm 直纱面料 2 条（袖口贴条），宽 2.5 cm、长 100 cm 直纱面料 2 条（系袖口的带子，长度方向可以拼接）。

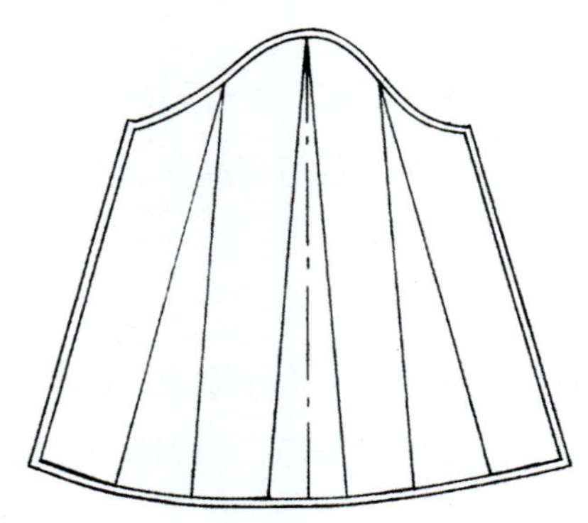

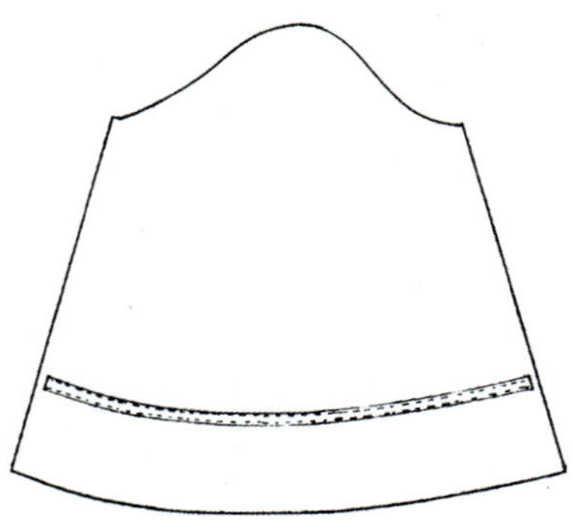

第 3 步，熨烫贴条

（1）把宽 3 cm、长 65 cm 的直纱面料的两个毛边分别向面料的反面折进去 0.7 cm，熨烫平整，宽窄保持一致。

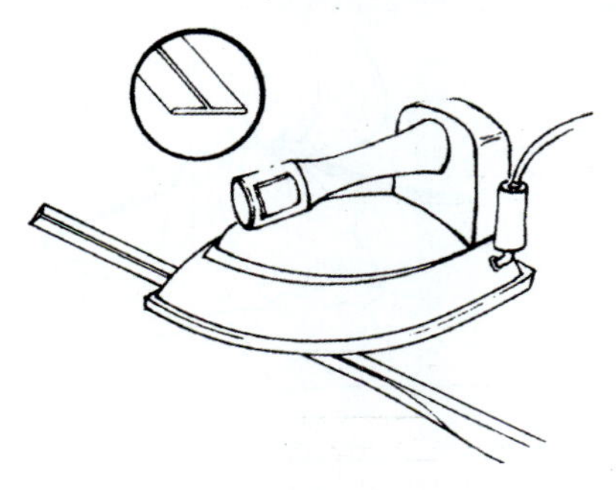

（2）在长短与袖子对应部位保持一致后修剪缝份，并把两头折净烫牢。

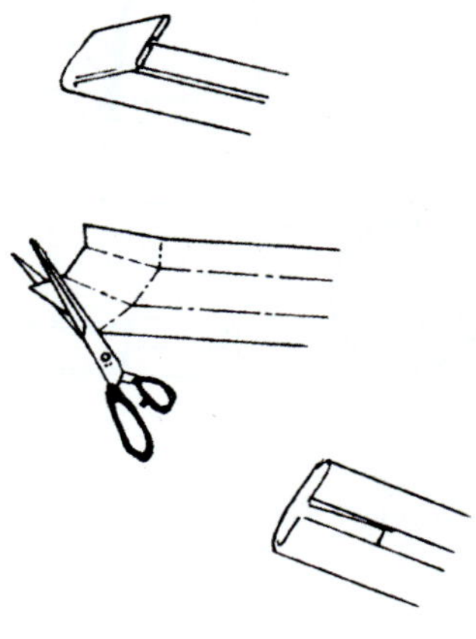

第 4 步，缉缝贴条

把扣烫好的贴条缉在袖子正面对应的部位上，贴条的两边分别缉 0.1 cm 的明线。注意在两个袖缝处要留出缝份。

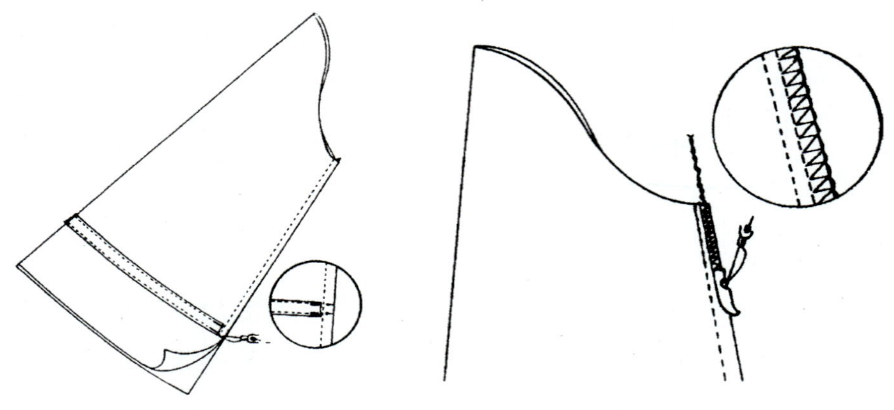

第 5 步，缉缝袖缝

看着反面合袖缝，缝份为 1 cm，注意不要缉住贴条。合好袖缝后包缝，袖口处双折，缉 0.5 cm 明线，也可以采用密三针包缝（袖口不用留缝份，这样处理袖口效果会更好）。

第 6 步，制作串带

将长 100 cm、宽 2.5 cm 的 2 条直纱面料反面冲外对折，带子做净后宽 0.7 ～ 0.8 cm。缉好后翻到正面，将缝子放在中间熨烫平整，两头处理干净，穿到贴条内，两边留出余量。

把带子抽紧，松紧自己掌握，保证穿脱方便即可，然后再把带子交叉拉至袖中线处系一蝴蝶结。

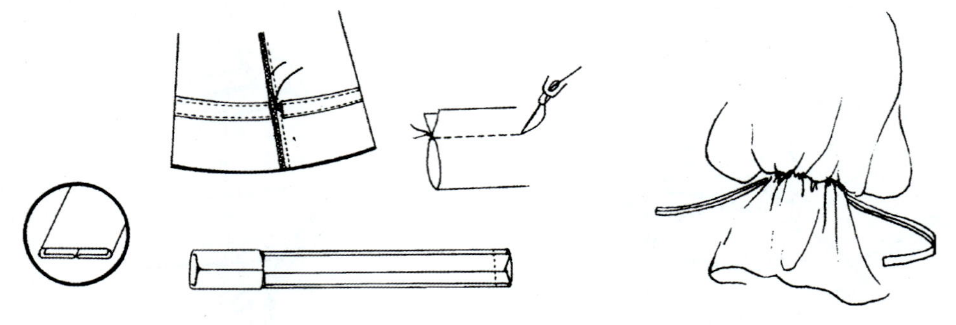

三、门襟的设计

门襟也叫搭门，是服装设计造型中两个衣身结合的部位，通过扣子连接起来，主要是为了穿脱衣服方便，同时兼有装饰功能。门襟的位置变化对服装的整体造型有着非常重要的影响。门襟的结构分为两部分，锁扣眼的部位称为搭襟，钉扣子的部位称为底襟。国际上通常采用男装左搭门，女装右搭门，即男装前左胸片相应位置锁扣眼（在上），右片相应位置钉纽扣（在下），女装则与之相反。门襟的设计要符合服装的整体设计需要（见图 2—4—7）。

图 2—4—7　门襟的造型设计（作者：安晓冬）

1. 门襟的种类

（1）根据门襟上扣子的排列特征分类，分为单排扣门襟和双排扣门襟。

（2）根据门襟的结构特征分类，可分为对襟和搭襟。

◆ **对襟** 对襟是指衣襟以领口中心线为准，两个领尖对齐，不设搭襟和底襟，使用拉链和纽袢连接两个衣片。这种门襟常用于中式小褂和休闲拉链衫。

◆ **搭襟** 搭襟是指左右两个衣片在领中心线位置互搭，搭门的宽窄视服装的款式、面料的薄厚、扣子的大小而定。

（3）根据门襟开口长度特征分类，可分为通开襟和半开襟。

◆ **通开襟** 通开襟是指衣襟从领口至前身中线直到下摆处，是最常见的一类门襟款式。

◆ **半开襟** 半开襟是指衣襟从领口处开至前胸位置，常见的有T恤衫。其特点是简洁、帅气。

（4）按照门襟的位置特征分类，可分为正开襟和侧开襟。

正开襟是应用最广泛的门襟形式。侧开襟又称为偏开襟，也是较为常见的一种门襟形式，常见于中式传统旗袍，现代休闲针织类服装也经常使用。

2. 门襟的设计要点

（1）门襟的装饰手法要与领、袖、袋等装饰手法互相协调、互相衬托。

（2）门襟的式样主要由搭门的方向、大小、长短、形状决定。

（3）扣子、袢、带起到非常重要的装饰作用。扣子、袢、带的形状和材质的不同都会给门襟的设计带来意想不到的效果。

实训 3

门襟设计与制作案例

一、门襟设计款式图绘画步骤（作者：安晓冬）

人模图的使用方法同半胸人模图，具体详见“实训 1　领子设计与制作案例”。

第 1 步，绘制人模图

先画单个人模图，再复制所需绘制人模的数量，最后保存文件并命名为“人模图”。

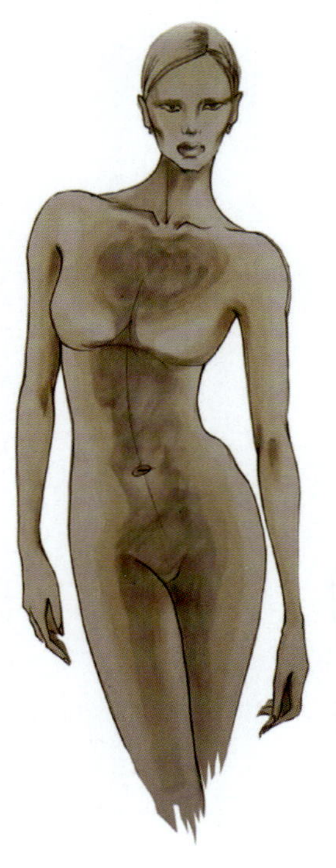

第 2 步，绘制门襟款式图

在人模图上覆盖 A4 纸，在 A4 纸上绘制门襟款式图。将款式图转换为电子文件，保存并命名为“A4 纸上绘制的门襟款式图”。

第 3 步，完成门襟款式图与人模图的合成

打开 Photoshop，调出“人模图”和“A4 纸上绘制的门襟款式图”两个原始文件。在“A4 纸上绘制的门襟款式图”原文件上使用 Photoshop 中的“钢笔”工具，勾勒出服装的外轮廓，点选“路径”工具中的虚线圆圈，按“Ctrl+C”快捷键进行拷贝；再打开“人模图”原始文件，按“Ctrl+V”快捷键进行复制；点选“编辑”中的“变换”工具对图片进行缩放、旋转、变形等操作，完成“A4 纸上绘制的门襟款式图”同“人模图”的合成。

第 4 步，完成门襟设计款式图

使用“画笔”工具，点选需要的画笔颜色和画笔种类，选择合适的画笔大小，点选“不透明度”数据及“流量”数据，进行绘制，使两张图更加完美地结合，烘托气氛，体现风格，形成较为完整的门襟设计款式图。

第 5 步，绘制多款门襟款式图

使用拷贝台，放置刚刚画好的人模图，上面覆盖一张白色 A4 纸。先用铅笔和针管笔绘制门襟的款式图，再用麦克笔绘制出立体感，最后勾线。将 A4 纸上的多款门襟款式图转换为电子文件，保存并命名为“A4 纸绘制的多款门襟款式图”。

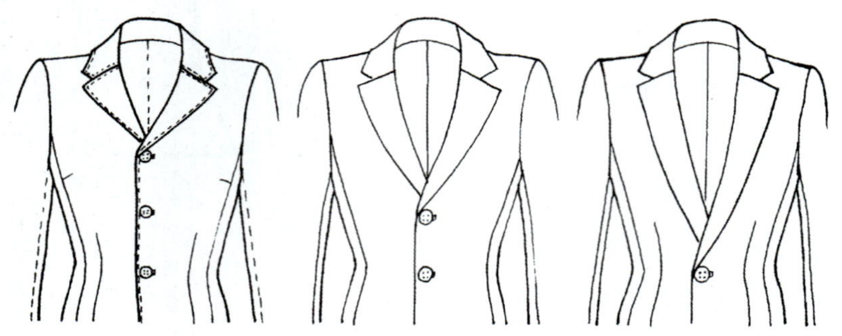

第 6 步，完成多款门襟款式图与人模图的合成

打开“人模图”原始文件，使用 Photoshop 中的“图章”工具，按住“Alt”+ 头像（需要复印的图像）进行复制；打开“A4 纸绘制的多款门襟款式图”文件，按住“空格”键 + 鼠标进行拖动，在中心位置盖章复制人物头像，使两张图片完美结合。

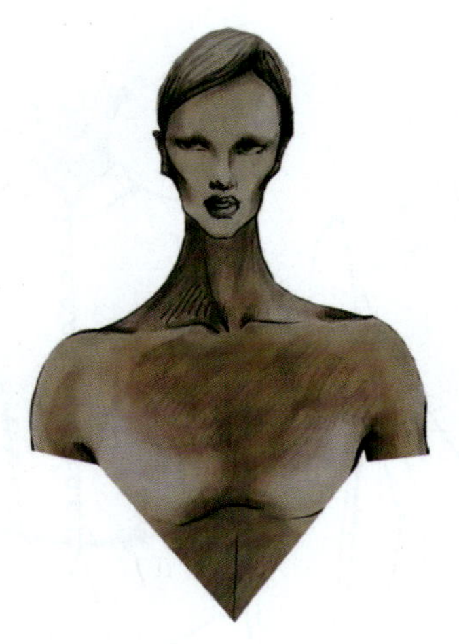

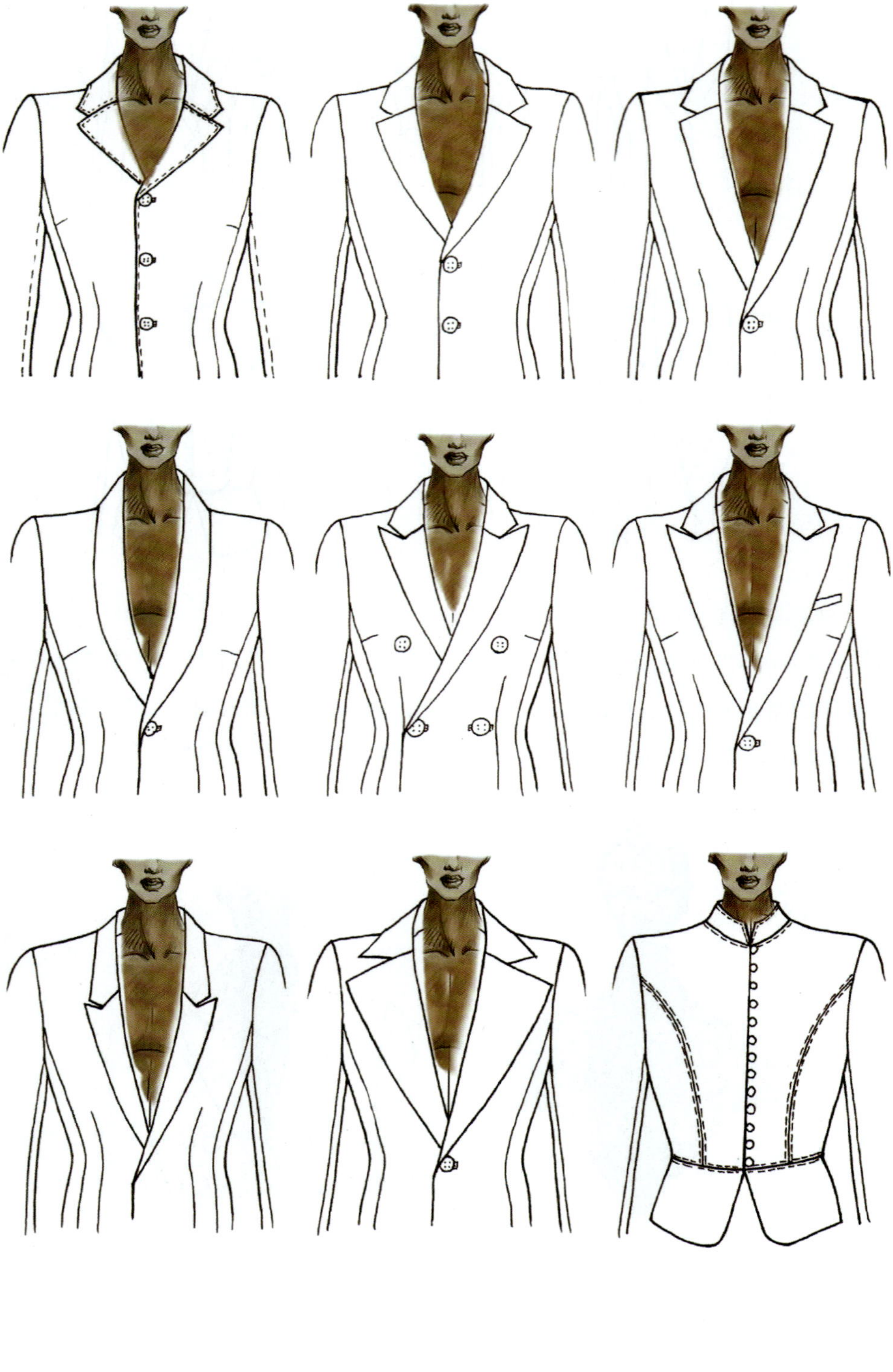

二、门襟款式图拓展训练

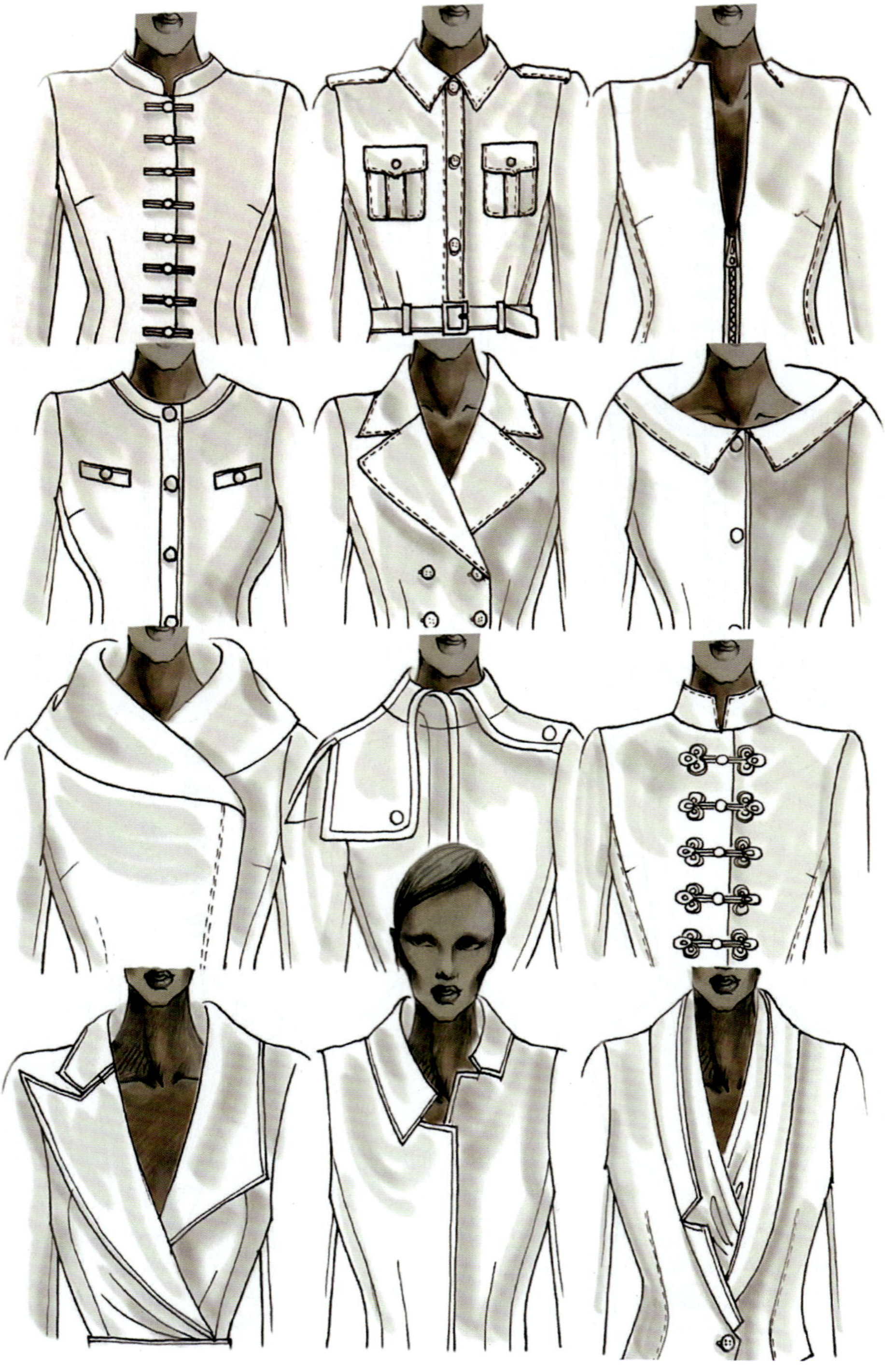

三、门襟的制作工艺流程

1. 款式分析

此款门襟为不对称式，门襟下部斜向左侧。

2. 门襟的制作

第 1 步，门襟制板

门襟的款式为不对称式，因此制板时要把左、右门襟分别画出。

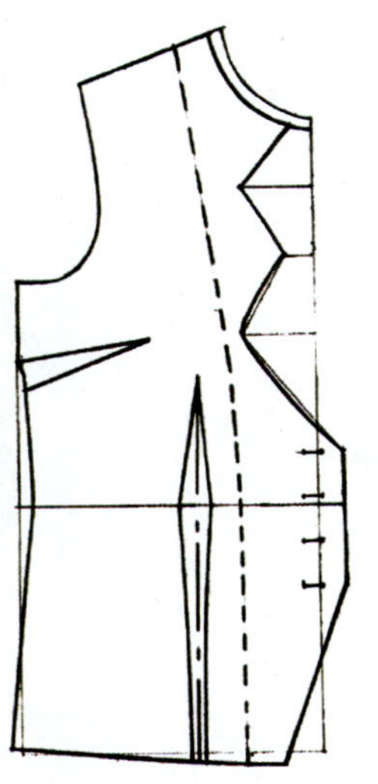

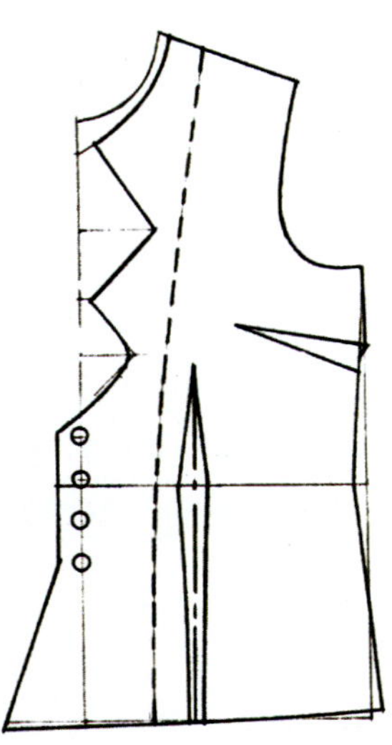

第 2 步，门襟裁剪

（1）留缝份：肩缝、子口留 1 cm 缝份，贴边留 4 cm 缝份。

（2）裁剪过面。

（3）前身、过面粘有纺衬。

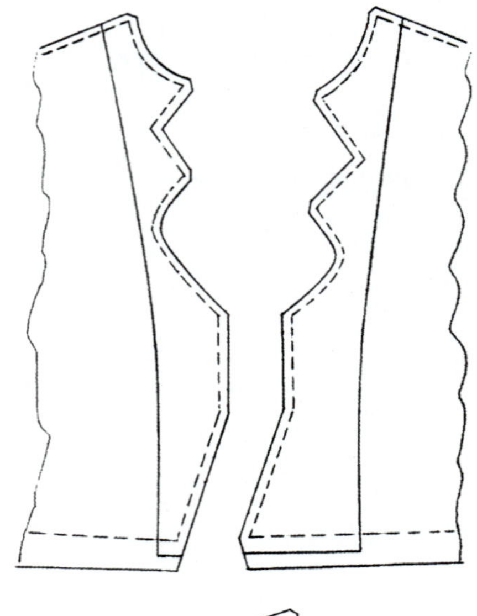

第 3 步，粘嵌条

为了使子口不变形，需要在子口进 1 cm 处粘直丝嵌条。

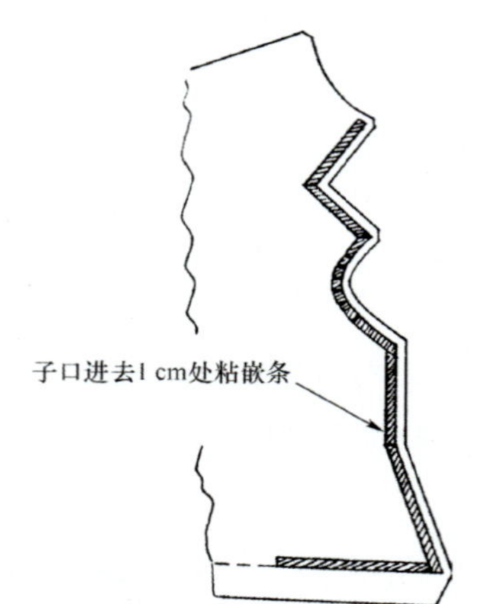

第 4 步，勾子口

嵌条粘好后与过面正面相对，从 2 cm 宽的驳嘴处开始缉线。缉线离开嵌条 0.1 cm，注意下角处过面略紧一些，防止子口外翻，下摆处缉住过面即可。

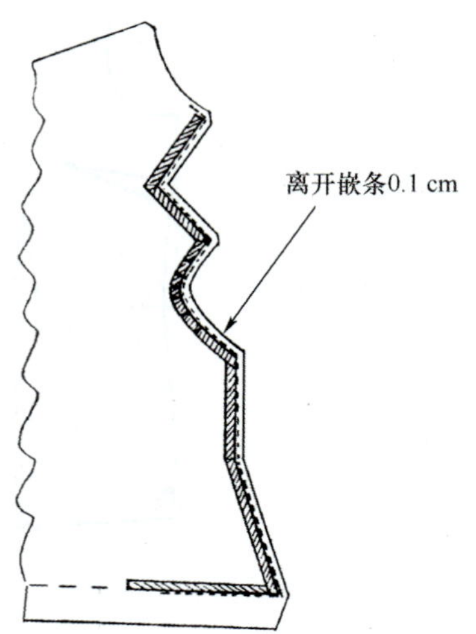

第 5 步，翻烫子口

子口缉好后，大身和过面沿缉线分别留出 0.3 cm、0.5 cm 缝份，多余部分剪掉。为了使拐角处平服，需要在拐角处打剪口。翻到正面后，过面朝上，大身需多出 0.1 cm，熨烫平服。

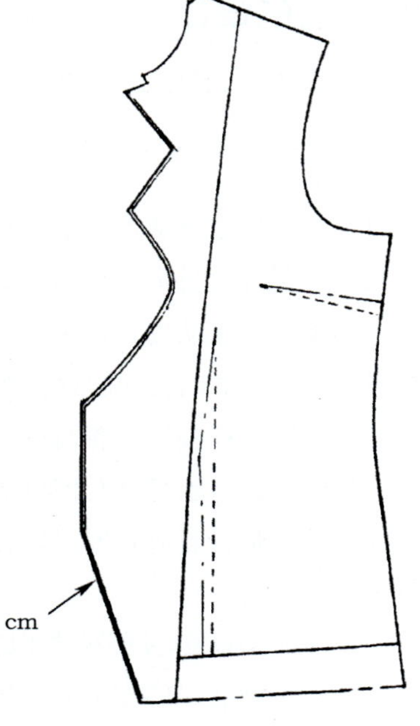

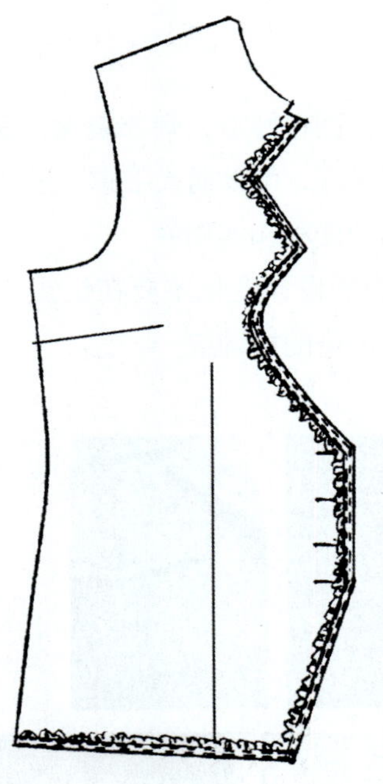

第 6 步，缉花边

根据花边宽窄决定明线宽窄。

四、口袋的设计

在整体结构设计中，口袋设计手法较为灵活，兼有实用性与装饰性的功能，且品种繁多。

1. 口袋的种类

（1）贴袋　贴袋基本上不受制作工艺的限制，它使用单独的面料直接贴缝在衣服主体上，整个口袋完全外露，所以又称为“明袋”。贴袋的变化非常多，可以是方形、圆形等几何形，也可以是动物、花朵等自然形，例如童装的设计就经常使用卡通形象的贴袋。贴袋在设计时要考虑口袋的位置、外形、材质、大小的变化。

（2）暗袋　暗袋是指表面只见袋口、不见袋形的一种口袋。在衣身上剪出袋口，袋口镶边，整个袋体与衣身缝合即可形成暗袋。因为整个口袋藏于衣服内，所以暗袋的变化主要在袋口处。暗袋有双开嵌口袋、单开嵌口袋、加袋盖口袋等。另外，袋口的方向位置也是暗袋的设计要点。

（3）插袋　插袋与暗袋有相似之处，袋体都在衣服里，不同之处是插袋往往借助于侧缝位置，例如男西裤侧面口袋就是典型的插袋。插袋主要围绕袋口处的倾斜方向与大小进行变化。

（4）其他类型的口袋　除了以上几种口袋类型外，还有很多由此衍生出来的口袋形式，例如贴袋上面再附着一个口袋，还有一些纯装饰的假袋。

2. 口袋的设计要点

（1）口袋的大小与服装成正比　如果服装宽大，面料厚重，则衣袋大，反之则小。

（2）口袋的大小应与手相适应　口袋应比手宽且深，可以插入手掌。设计口袋的位置、方向时，不仅要注意装饰作用，还要注意放取物品的便利和实用性。

（3）口袋设计要注意局部与整体的统一　口袋的设计变化主要在位置、形状、大小、材料、色彩等方面，在设计时要考虑到与服装整体风格的协调统一。

口袋的设计形式如图 2—4—8 所示。

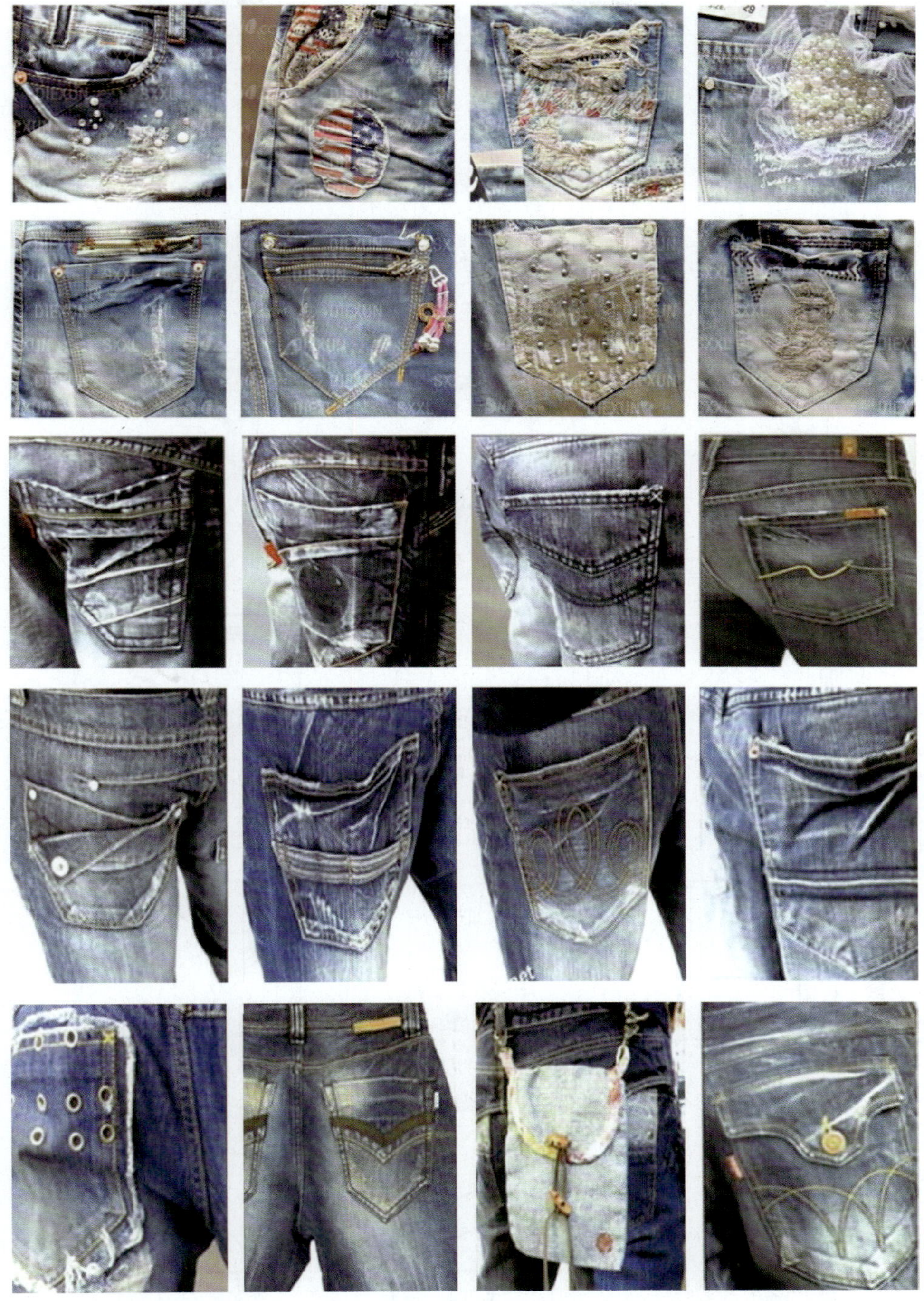

图 2—4—8　口袋的设计形式

实训 4

口袋设计与制作案例

一、口袋设计款式图绘画步骤（作者：安晓冬）

绘制多款口袋款式

用直线或弧线绘制口袋的外轮廓，注意外轮廓线要粗些，局部细节线要细些。以下这类款式图适合表现具体的口袋细节。

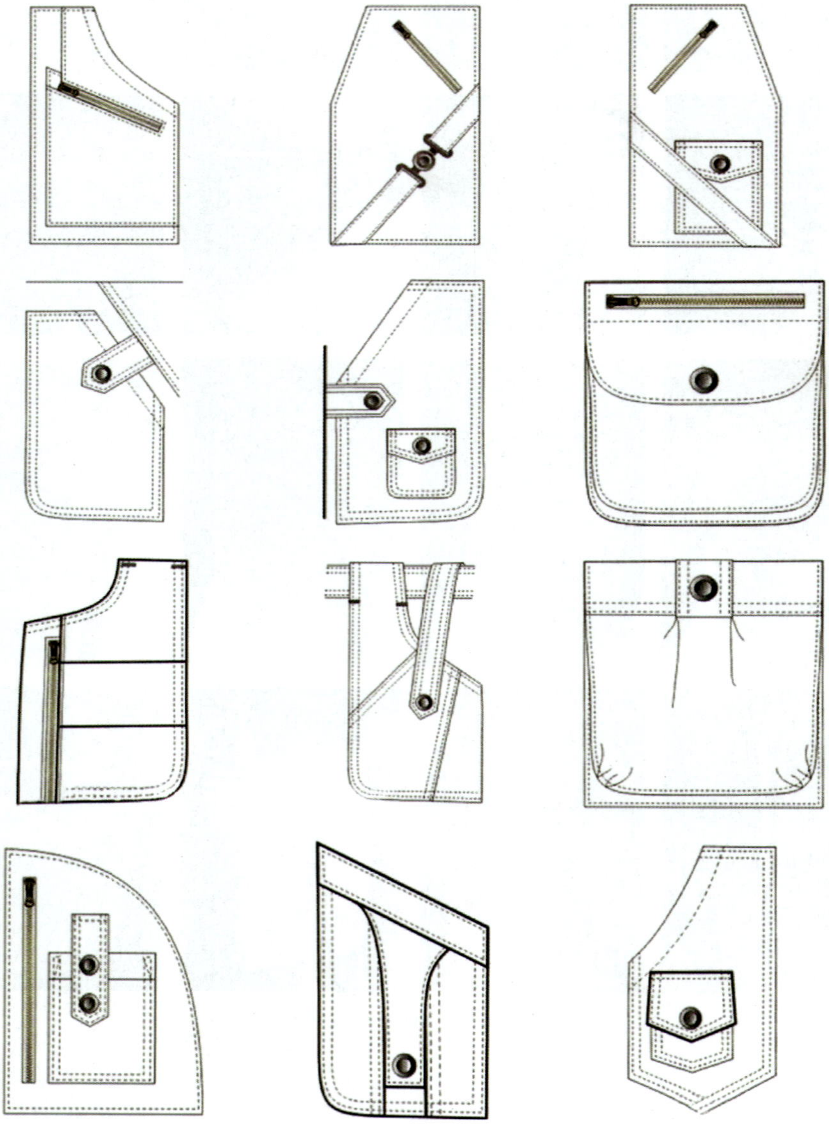

以下这类款式图适合表现口袋在服装的具体位置。

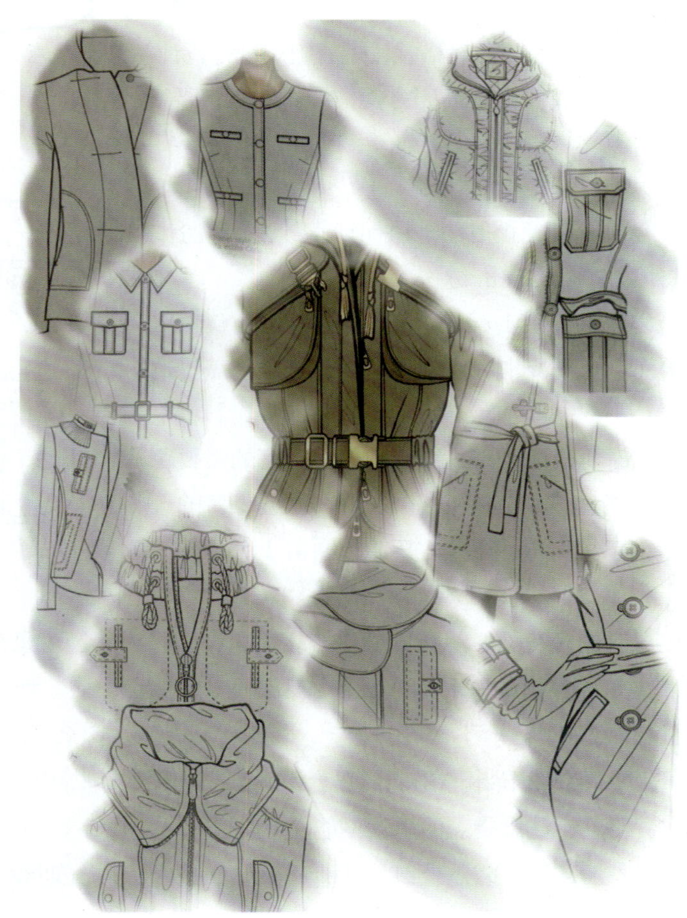

二、口袋的制作工艺流程

1. 款式分析

在设计成对褶的袋布上加上袋盖，既富有动感，又具有实用性。根据整件服装的制作工艺和面料要求，袋盖可以采用两层面布。但若面料为毛料、有伸缩性的布料或较厚的布料时，则袋盖应使用一层面布和一层里布。

2. 贴袋的制作

第 1 步，贴袋制板

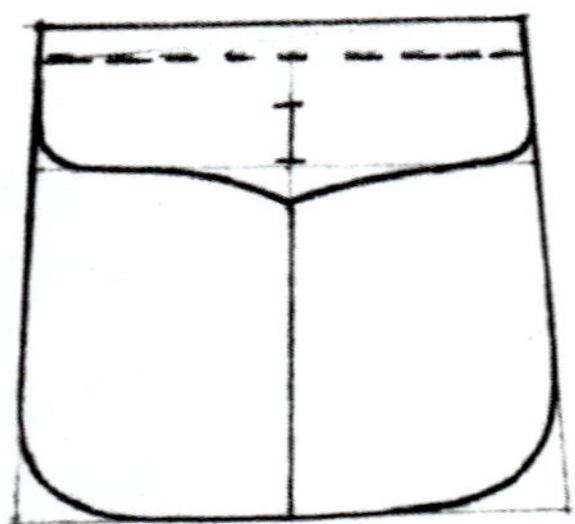

贴袋的大小可根据服装的款式风格、长短、肥瘦进行设计。它由袋盖、袋布两部分组成。为了插兜方便，袋布的上口要离开袋盖 1.5 cm。

第 2 步，袋盖、袋布裁剪

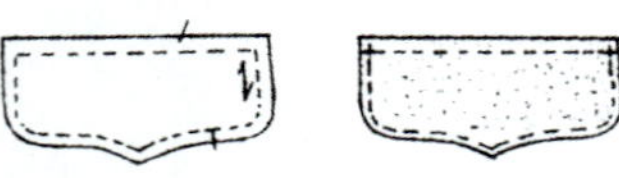

（1）袋盖面：裁剪时靠近止口的一边保证直纱，袋盖上口留 1 cm 缝份，其他三面留 0.7 cm 缝份。

（2）袋盖里：袋盖上口留 1 cm 缝份，其他三面留 0.5 cm 缝份，纱向同袋盖面。为了减少制作的难度，在整个袋盖里的反面粘上无纺衬。

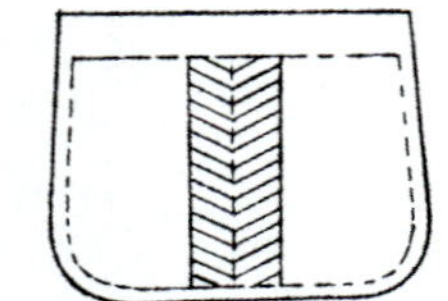

（3）袋布：裁剪时要根据袋布上设计的明线宽度的需要留缝份。袋布中间的对裥宽度掌握在 6 ～ 8 cm，靠近止口的一边保证直纱，袋布上口留 2 cm 缝份，其他三面留 1 cm 缝份。

第 3 步，制作袋盖

（1）把两个相对应的袋盖面、里正面相对，袋盖里在上，沿着袋盖里在上的净粉线缉勾袋盖，并把整个袋盖面多出的 0.4 cm 余量（袋盖的里外拥量）均匀地吃在两个圆角的部位，袋盖上口里、面对齐。

（2）袋盖勾好后，沿缉线留出 0.3 cm 缝份，多余部分修剪掉（可以使袋盖变薄些），把袋盖翻到正面熨烫平整，注意袋盖的里子不能倒吐。

（3）袋盖熨烫平整后，除了袋盖上口，其他三面缉 0.1 ～ 0.2 cm 明线，在袋盖的中间位置锁扣眼。

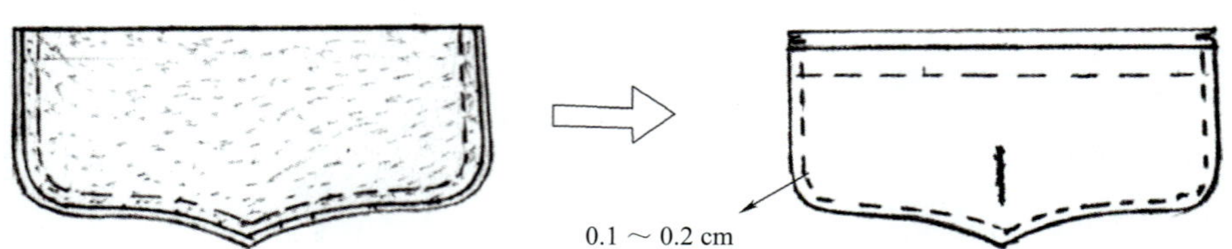

第 4 步，制作袋布

（1）首先把袋布的上口处包缝。

（2）在袋布的反面把褶底折叠并用熨斗固定，使褶位平整不易松开。在折印上缉 0.1 cm 明线，把褶位的两端用缝纫机固定。

（3）把袋布上口的 2 cm 缝份向反面折，用熨斗固定，分别缉 0.1 cm、0.8 cm 的明线。其他三面沿 1 cm 的缝份熨烫好。熨烫两个圆头时，先用净样硬纸板压住圆头，再用熨斗紧贴硬纸板扣烫圆头，使袋布上的两个圆头圆顺平服。

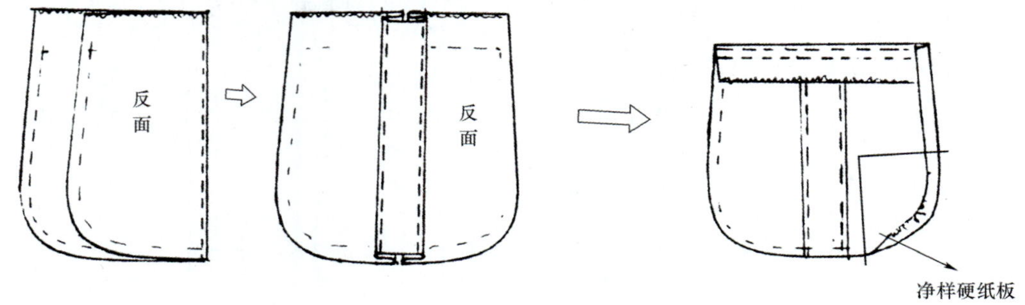

第 5 步，缝合口袋

在前身的裁片上找出贴袋的位置，用手针分别把袋盖、袋布固定好，确认无误，再用缝纫机缉缝。为了使袋盖平坦地盖在口袋上，袋盖上口在正面用装饰线固定，在与扣位对应的袋布上钉上纽扣。

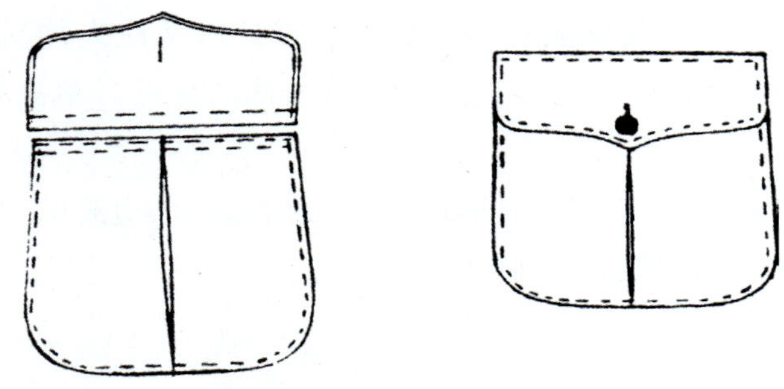

五、其他部位的设计

服装基本的构成元素除了上述部件外，还包括使平伏的面料符合人体曲线的内部结构变化。当前的服装设计经常在省道线、皱褶上做文章，使服装更具有装饰性。

1. 省道线

省道线的作用是根据人体起伏变化的需要，将平面布料的多余部分去掉，使服装与人体更贴合，从而达到美观的效果。省道包括胸省、腰省、臀省、后背省、腹省、手肘省等。省位可以做上下、左右和形状上的变化。省道的变化是服装造型设计的重点之一，省道可以从原来的部位转移到其他任何一个部位，省尖的方向也可以随意安排，从而使服装产生丰富的变化（ 见图 2—4—9 ）。

  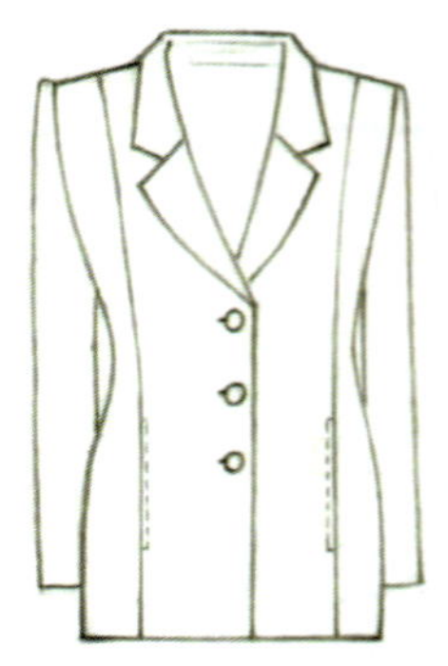 

图 2—4—9　相同款式的省道变化（作者：朱庆真）

2. 皱褶

（1）褶裥　褶裥由服装布料折叠缝制而成，呈线条状，外观富有立体感，给人自然、飘逸的感觉。褶裥在服装中运用广泛，夹克衫、衬衫、裙子、童装、裤子等常见不同的褶裥。褶裥使服装有一定的放松度，以适应人体活动的需要，还可以作为服装的装饰细节，同时还能够适当改善人体的体形。褶裥有顺裥、工字裥、缉线裥之分。

（2）碎褶　碎褶是皱褶的另外一种形式，它一边抽起、一边散开，既可以起到省道的收身作用，又有自然轻松的美感（见图 2—4—10）。

图 2—4—10　碎褶的运用（作者：安晓冬）

实训 5

综合手法运用的制作案例

一、胸甲白坯立裁

第 1 步，立裁前片

根据设计图设计内部支撑芯的结构。

第 2 步，立裁前片侧面

侧面细节

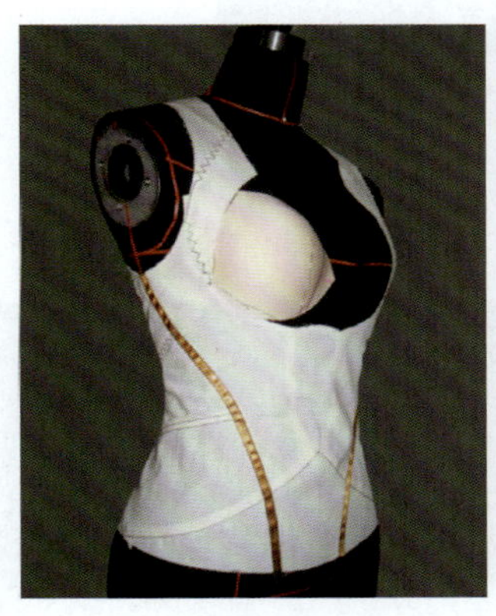

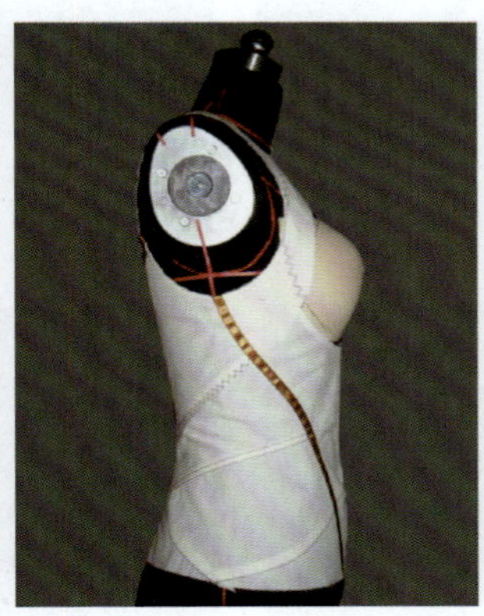

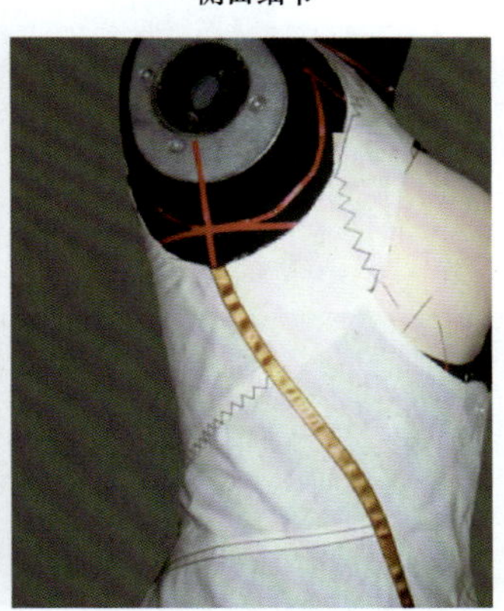

第 3 步，立裁正面（分割线参考）

第 4 步，立裁后背

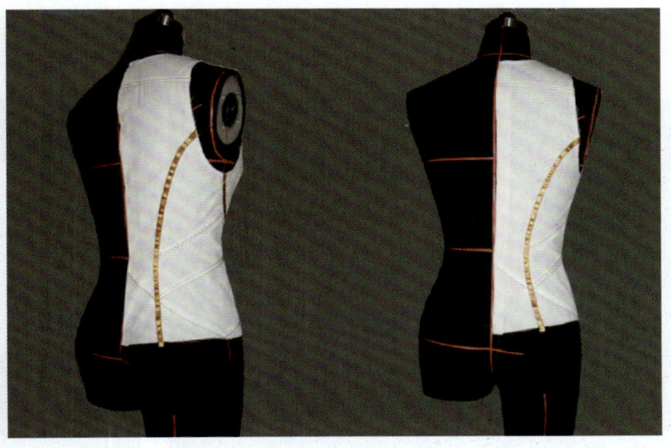

第 5 步，立裁胸部

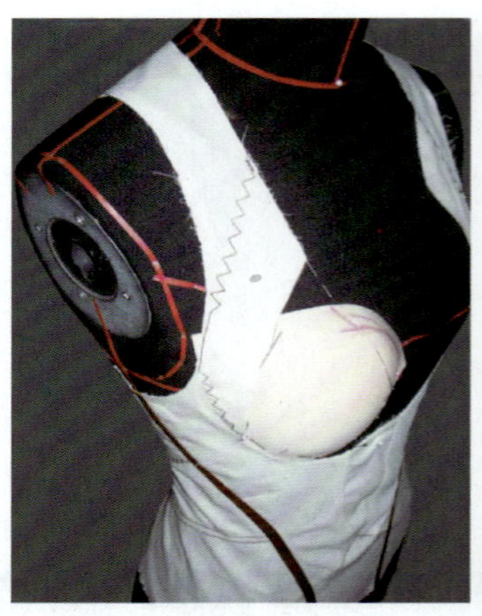

侧面与后片衔接效果

二、胸甲制作

第 1 步，排料

白坯排料

马尾衬排料

第 2 步，裁片

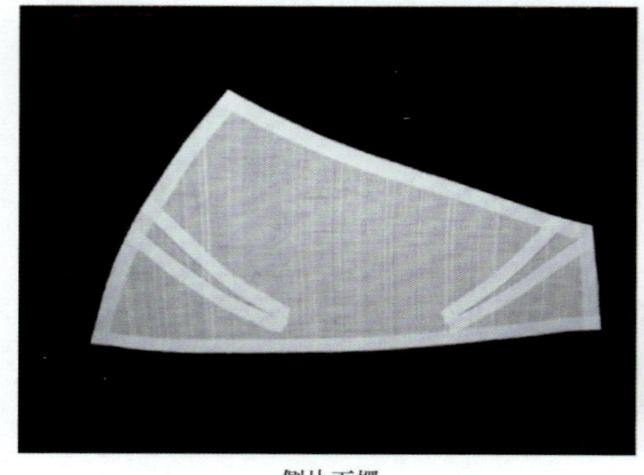

侧片下摆

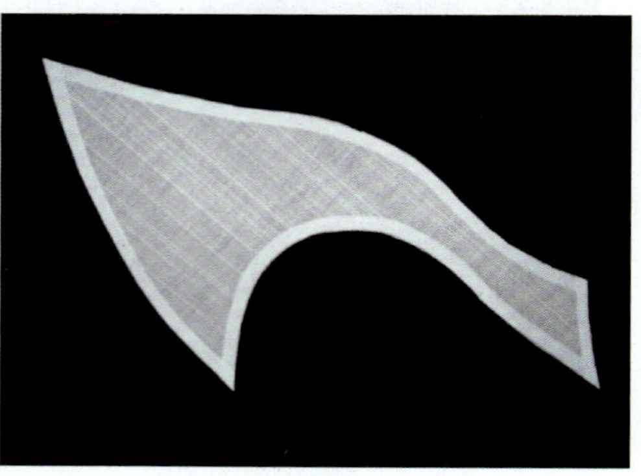

侧片袖窿

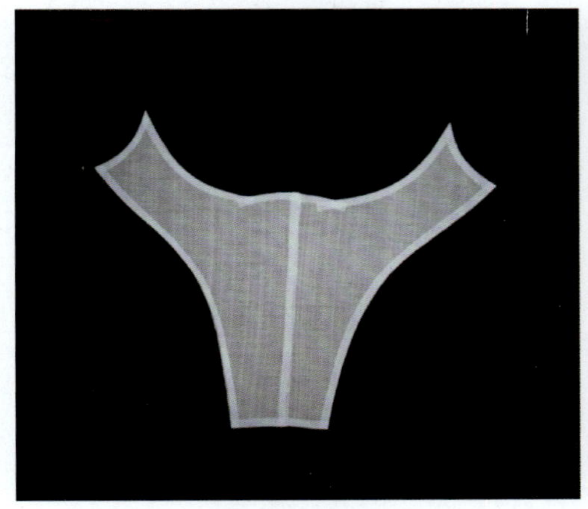

前中心片

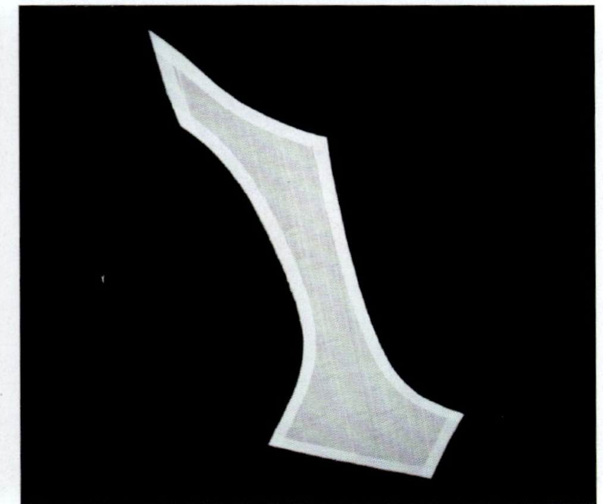

后上片拼合前领口

第 3 步，后侧下摆制作成品压缎带

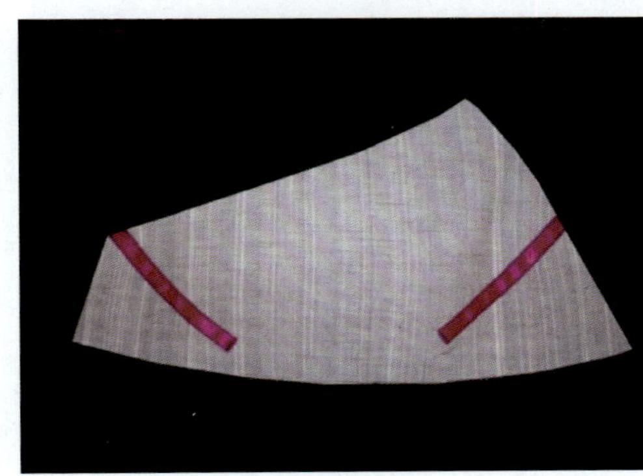

第 4 步，插放鱼骨，并拼合

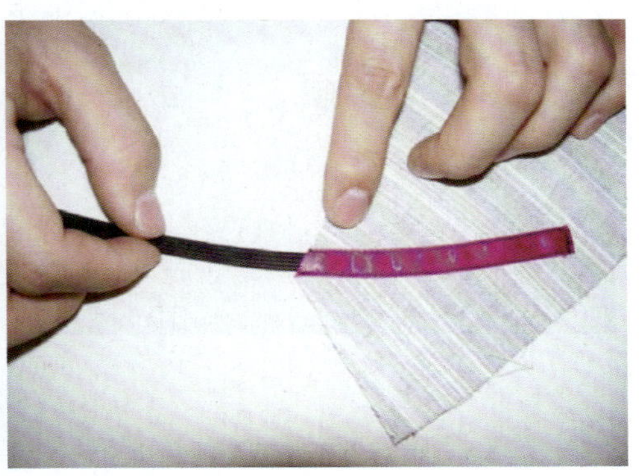

第 5 步，归拔侧腰节片（侧腰节片缝份 0.5 cm）

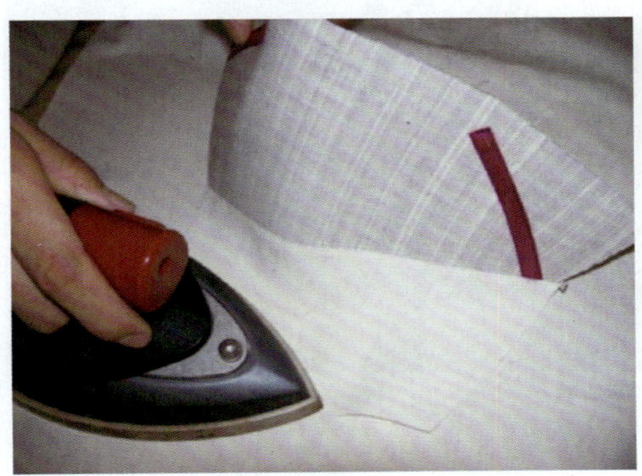

第 6 步，拼合处倒缝压缎带

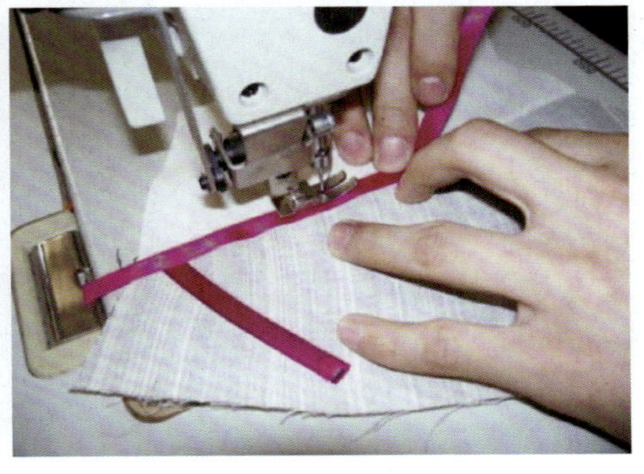

第 7 步，与前中比对刀口

第 8 步，比对后固定并压缎带

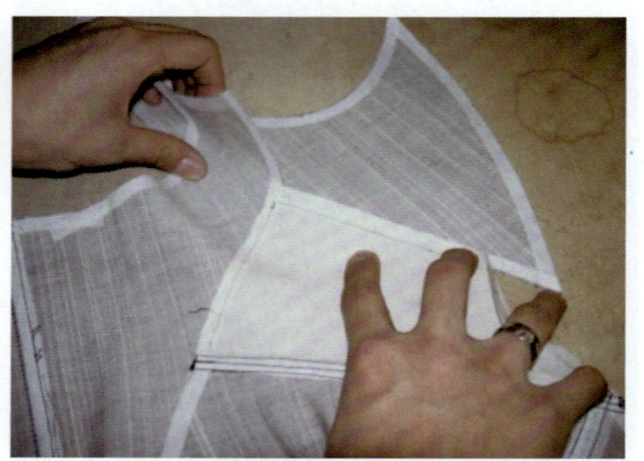

第 9 步，比对侧袖窿对刀并固定

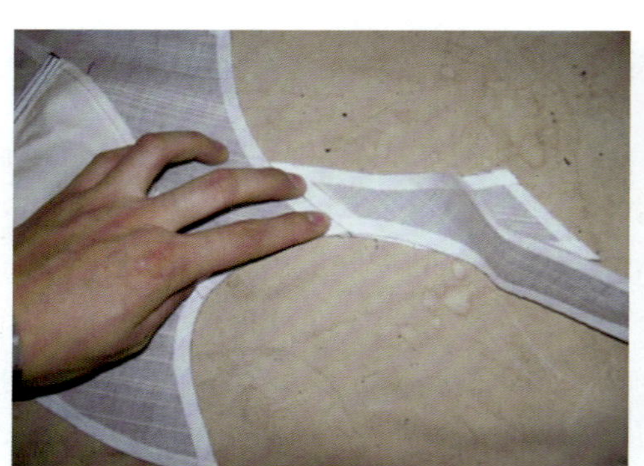

第 10 步，固定领口衔接互搭

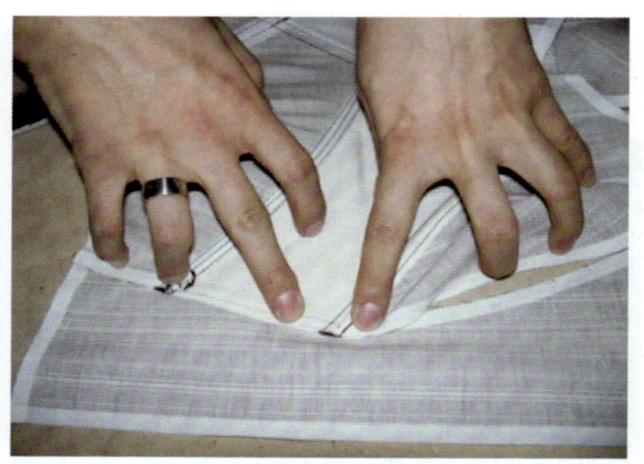

第 11 步，比对另一半

第 12 步，比对后固定压缎带

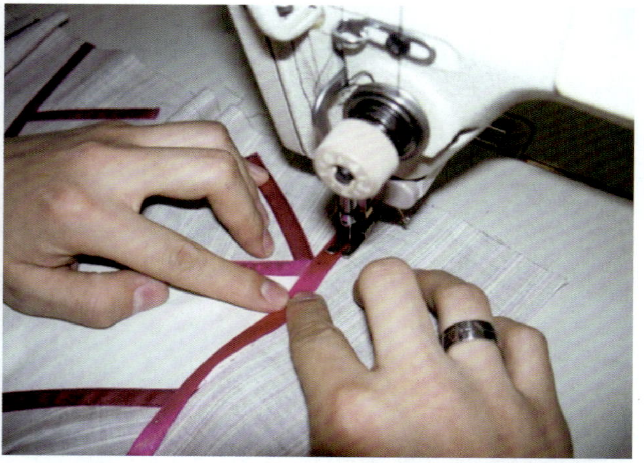

成品单侧效果（正面、侧面和背面）：

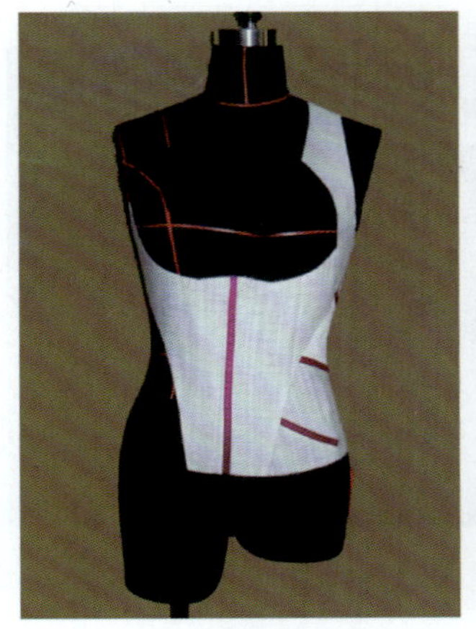
单侧正面效果

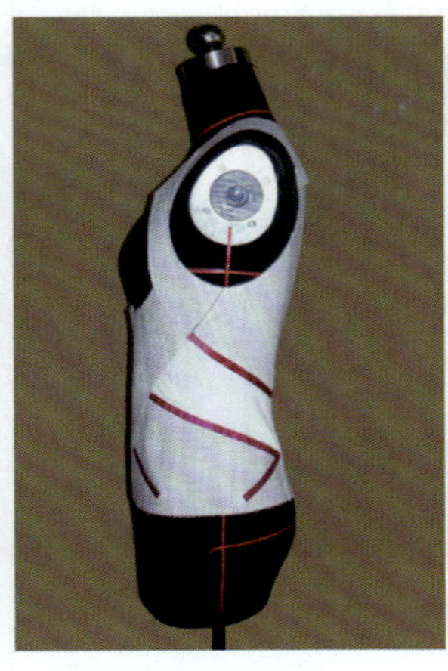
单侧侧面效果

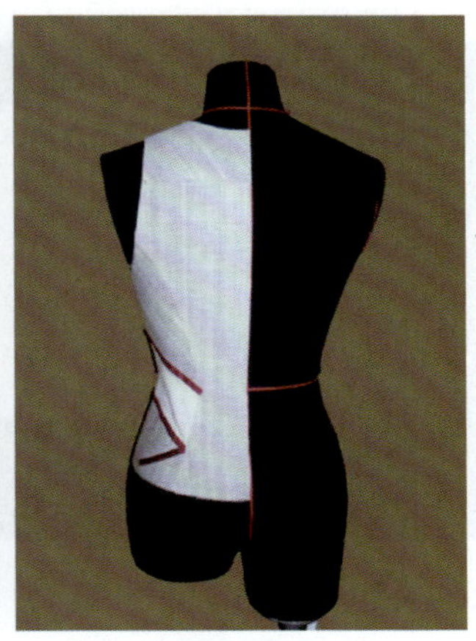
单侧背面效果

骨架效果（正面、侧面和背面）：

骨架正面效果

骨架侧面效果

骨架背面效果

骨架铺平效果（正面、反面）：

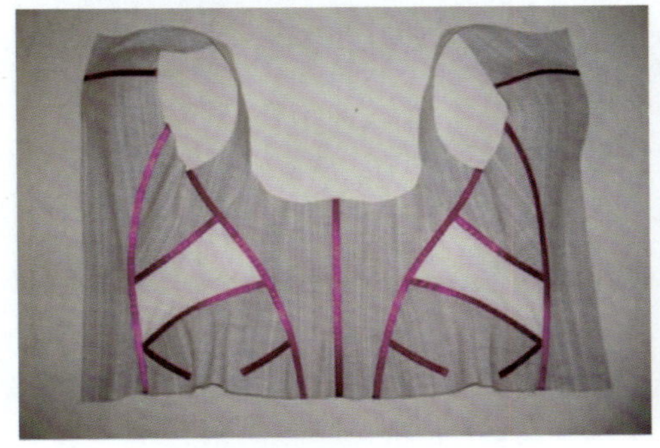
骨架铺平正面效果

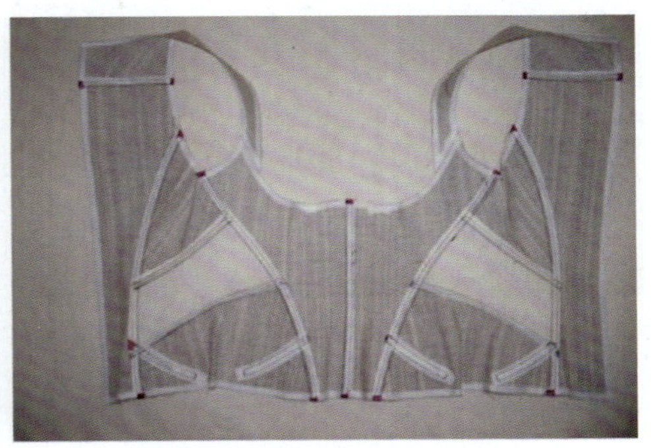
骨架铺平反面效果

第 13 步，胸杯裁片

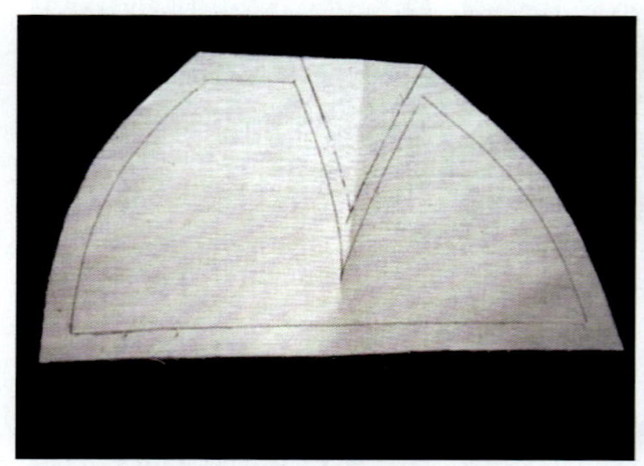

第 14 步，缉缝胸杯子口

第 15 步，缉缝胸杯省道

第 16 步，归烫胸杯

第 17 步，固定前比对胸杯

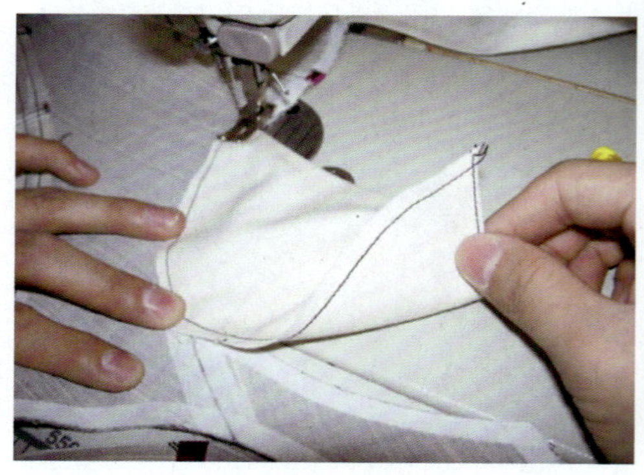

第 18 步，固定胸杯

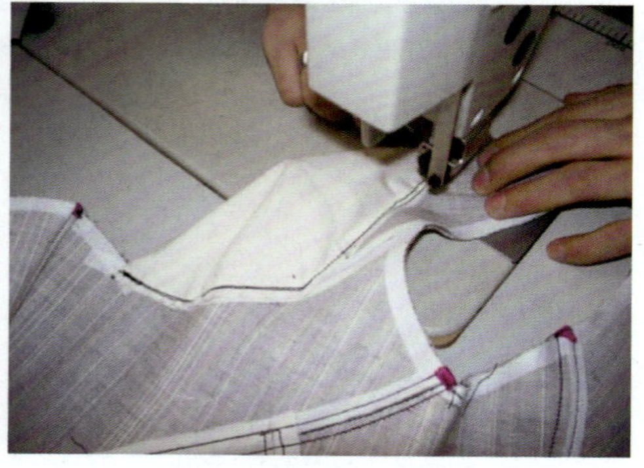

第 19 步，完成左右胸杯固定

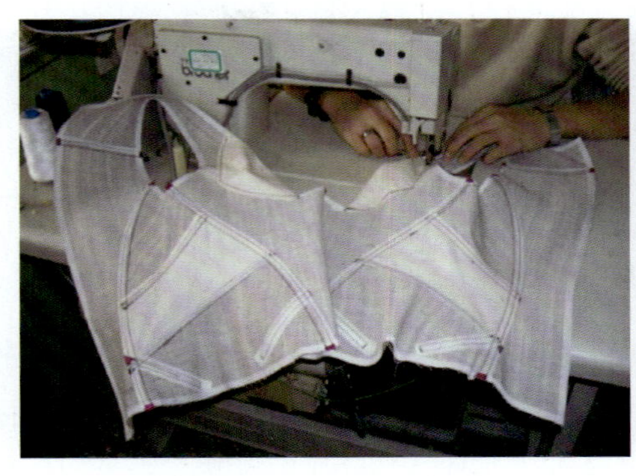

固定后效果

第 20 步，插放模杯

第 21 步，固定模杯

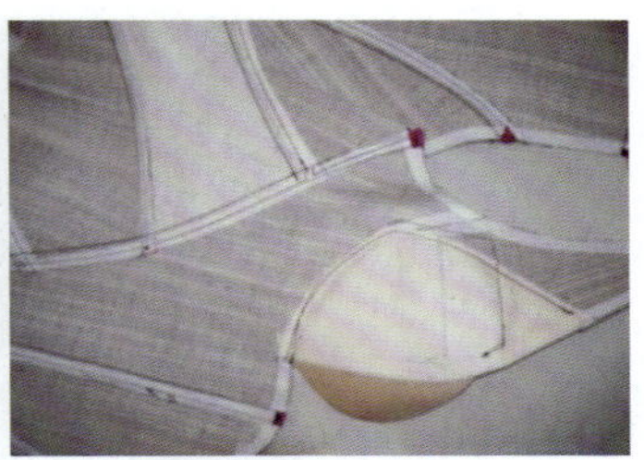

内侧效果

第 22 步，压防磨垫条

第 23 步，花扒三角针法固定胸杯子口与模杯

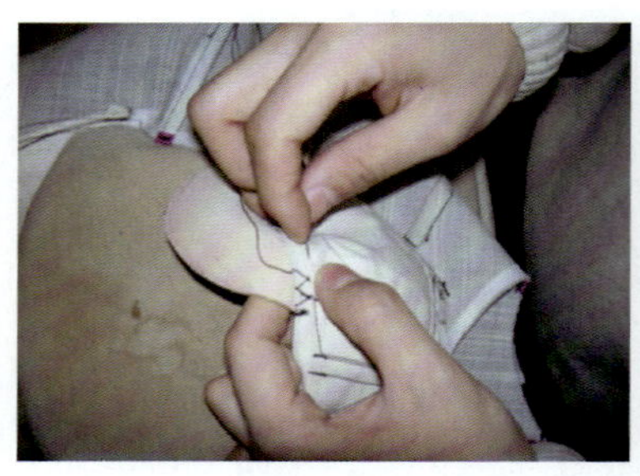

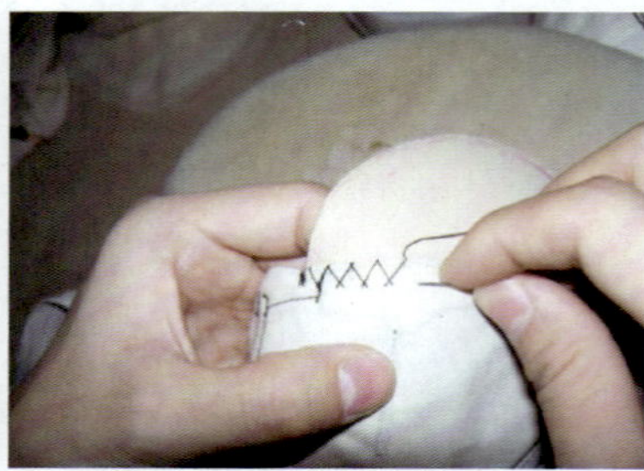

花扒三角针法局部

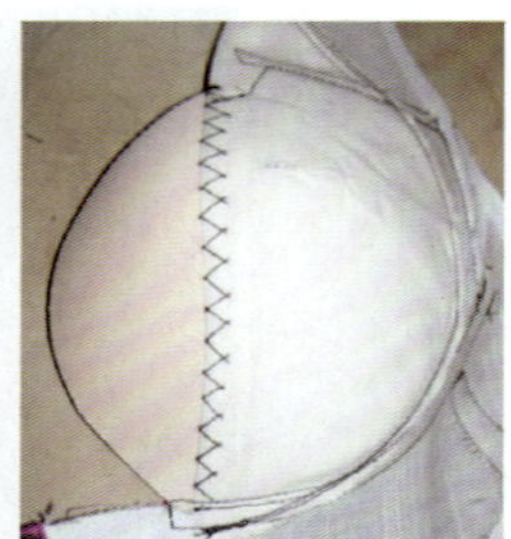

针法适宜

完成后的效果：

内部正面铺平效果：

局部细节：

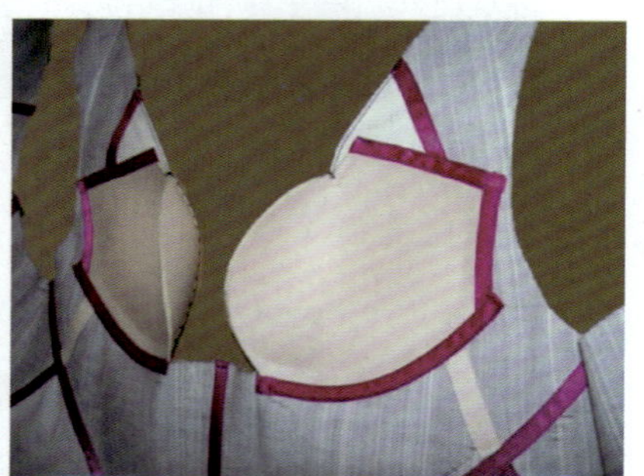

三、综合手法运用的制作

白坯立裁面布

白坯立裁面布正面效果

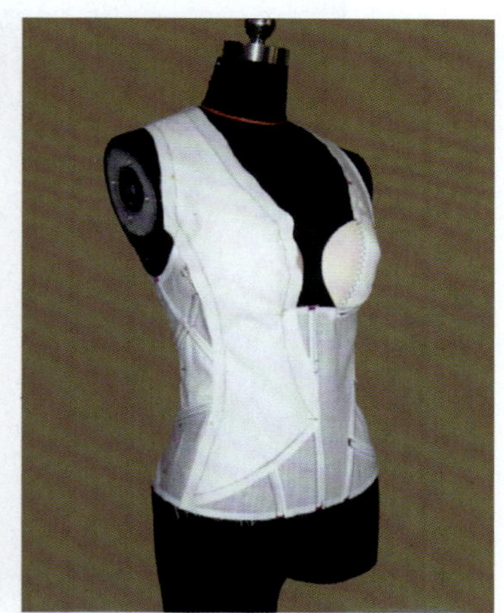

白坯立裁面布侧面效果

裁片效果：

正面效果

半侧面效果

侧面效果

背面效果（后片直接采用骨架裁片）

最终完成的效果：

本章小结

本章讲述了服装的局部设计技法，这些局部设计往往是服装的精华部分。设计的关键点在于把握整体，勿堆砌细节，注意局部与局部之间的协调关系。

思考与练习

1. 搜集不同廓形的服装素材，并进行分析。
2. 搜集服装领、袖、门襟、口袋等服装局部的素材并进行特点分析。
3. 进行不同服装局部的款式设计及绘制。
4. 完成所设计的领、袖、门襟、口袋款式的局部制作。

第 3 章

服装设计与色彩

世界上的色彩千变万化、美不胜收。色彩不仅有红、绿、蓝、白、黑等颜色的区别，还有着不同的深浅度、明暗度和鲜灰度。色彩具有独特的表情，不同的色彩传达出不同的信息，我们该如何解读，如何运用呢？这就需要我们对服装色彩的基础知识有一个了解，学习一色或多色的配色技巧和规律，进行流行色的预测，并且能够做好流行色在服装设计上应用的系统分析，将流行色灵活创新地运用到服装设计中。

学习目标

1. 了解服装色彩的基础知识。
2. 掌握一色以及多色服装的配色技巧。
3. 能够运用色彩的性质和情感有目的地进行服装配色。

第1节 认识色彩

作为学习服装色彩的起点，就是要认识色彩（见图 3—1—1）。各种各样的物体颜色，通过人的感知传达反映到大脑中，这就是色彩的视觉过程。

图 3—1—1 大自然的色彩

一、色彩的属性

每一种色彩都同时具有色相、明度和纯度这三个属性。

1. 色相

色相是指色彩的相貌，是区分色彩的主要依据。色相的差别是由光波的长短决定的，不同的颜色其光波不同。对色相的认知练习是通过色相环进行的，24 色相环如图 3—1—2 所示。

图 3—1—2 24 色相环（作者：朱庆真）

2. 明度

明度是指色彩的明暗程度，也就是色彩的深浅程度。在所有的色彩中，最明亮的是黄色，最暗的是紫色。任何一种颜色掺入白色，色彩的明度就会提高；任何一种颜色掺入黑色，色彩的明度就会降低。明度的色阶如图 3—1—3 所示。

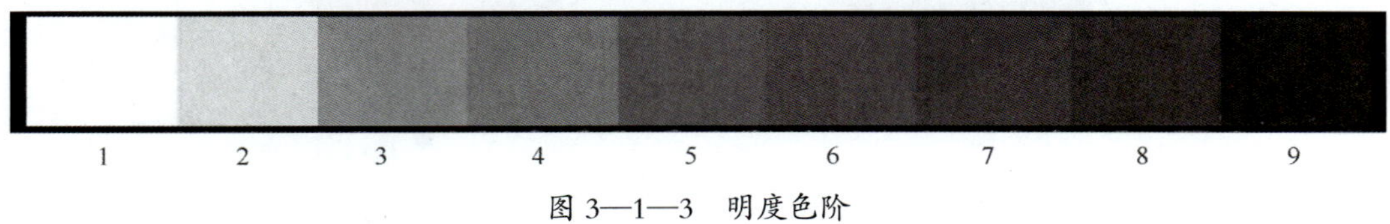

图 3—1—3 明度色阶

3. 纯度

纯度是指色彩的鲜浊程度，也被称为彩度、饱和度。在所有颜色中，最纯的颜色是红（品红）、黄（柠檬黄）、蓝（湖蓝），这三种颜色被称作色彩的三原色，其他色彩都是由这三种色彩相互混合而来的。纯度的色阶如图 3—1—4 所示。

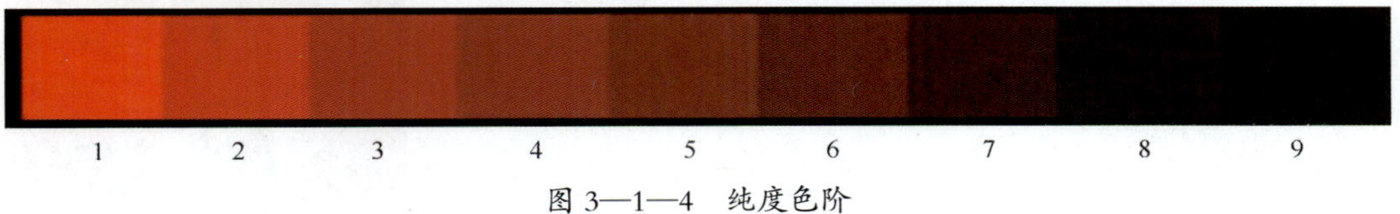

图 3—1—4 纯度色阶

色彩的三要素是互相联系的，如果改变其中某个要素，另外的要素也会相应变化。如改变色相的明度，其纯度也会跟着变化。在高纯度色相中加入黑或白，就降低了该色相的纯度，同时也改变了该色相的明度。在高纯度的色相中加入不同明度的灰色，就降低了该色相的纯度。

二、色彩的体系

在许许多多的色彩中，像黑、白、灰这样只有色相、明度没有纯度的色，我们称之为无彩色系；像红、橙、黄、绿、蓝、紫等有明度、纯度的色，我们称之为有彩色系。这就是色彩的两大体系。

要清楚地认识色彩的色相、明度、纯度三者之间的关系，就要使用色彩的立体关系，即色立体（见图 3—1—5）。每个色彩在色立体上都有其相应的位置，通过色立体就可以分辨出每个色相的纯度、明度之间的差别。色立体给色彩的使用和管理带来很大的方便，可以使色彩的标准统一起来。色立体的好处还体现在根据它可以任意改变设计作品的色调，取得更为理想的效果。

图 3—1—5　色立体

三、色调

图 3—1—6　色调

色调是色彩外观的重要特征与基本倾向，是统治整个配色方案的整体颜色倾向（见图 3—1—6）。色调同样是由色彩的色相、明度和纯度三要素组成的。

1. 以色相分类：红色调、蓝色调、绿色调、紫色调等。
2. 以明度分类：亮色调、灰色调、暗色调等。
3. 以纯度分类：清纯色调和灰浊色调。

服装设计中的色调能充分体现设计师的审美、情感、趣味等方面的素质。服装的色彩常以一种主要的色调贯穿始终，色调就像音乐中的主旋律，所以对色调的把握是服装色彩设计的重要内容之一。

四、色彩的混合

将两种或两种以上的颜色混合在一起，构成与原色不同的彩色称为色彩的混合。色彩的混合有三种类型：加色混合、减色混合和中性混合。加色混合与减色混合是混合后再进入视觉的，而中性混合则是在进入视觉之后才发生的混合。

1. 加色混合

加色混合也称为色光混合，即将不同光源的辐射光投射到一起形成新色光。其特点是混合的成分越多，混合色的明度越高，而色相则相应变弱。加色混合在摄影和舞台照明设计中比较常见。

2. 减色混合

图 3—1—7　减色混合

减色混合是指颜料的混合，即物质性、吸收性的色彩的混合。参加混合的颜料越多，色彩越灰浊，即色彩的明度和纯度都有降低。根据减色法的混色原理，红、黄、蓝按不同比例混合，可得到一切色彩，因此被称为原色（第一次色）；三原色中两种不同的颜料相混所得的色彩称为三间色（第二次色）；用三间色分别与相邻的三原色相混，可得到复色（第三次色）（见图 3—1—7）。

3. 中性混合

中性混合也称空间混合，它不是真正意义上的色彩混合，而是使色彩得到视觉中的混合。例如，把不同色彩的点或线相交并置，在一定的视觉距离内，就会产生色彩的混合效果。中性混合有以下规律：

（1）色彩混合时会产生新的颜色　如红与绿混合，可得到灰色、红灰色、绿灰色；红与蓝混合，可得到红紫色、紫色、蓝紫色；红与灰混合，可得红灰色和灰红色；红与黑混合，可得到暗红色。

（2）色彩并置产生空间混合是有条件的　被混合的色彩应是小点、细线，且呈密集状。点越小，线条越细，混合的效果越明显。

（3）在一定的距离内才能产生空间混合效果　距离越远，混合的效果越明显。不同的视觉距离会产生不同的色彩效果。

提示

利用色彩的中性混合原理，在服装上使用少量色彩即可得到丰富的色彩变化。

五、色彩的联想

色彩会唤起人们对以往记忆及经验的联想，引起一系列的色彩心理反应。不同的人会产生不同的情感反应，在此我们探究的是大多数人的共性反应，设计师可以借此展开有效的设计。

1. 色彩的象征意义

红色在中国传统习俗中具有特别的意义，是喜庆、热情、吉祥、欢悦的代名词，大红

色是中国传统婚礼服的色彩。橙色，易使人产生兴奋感，显得明艳，能引起人们的食欲，多用于食品包装设计。荧光橙色刺激感强，是安全警示常用色。在我国古代，黄色是中央色彩，是帝王以及宫殿、庙宇的专属颜色。黄色是光明的象征，是所有色彩中最强烈、最刺眼的颜色，具有明朗、快乐、活泼感，充满了光明和希望。绿色，是大自然的主宰色，象征着和平、青春、新鲜和温和。蓝色是被公认的天空、海洋、湖泊的颜色，是自然界中面积最大的颜色，具有冷静、理智、深沉、遥远、宽广、神秘的感觉。紫色，是彩色中最暗的颜色，具有神秘感、孤独感和高贵感。黑色，常使我们想到黑夜、黑暗、寂寞、悲哀、神秘，自古以来就是死亡、不祥的代名词，意味着恐怖、罪恶、消亡。另外，黑色还有严肃、含蓄、庄严、神秘的意义。白色，具有明亮、纯净、清白、扩张、空洞和空虚的含义，同时表示轻快、朴素、恬静、卫生的意思。在我国，白色代表哀悼；然而在西方，白色则是新娘礼服的颜色，代表爱情的纯洁与忠贞（见图 3—1—8）。

图 3—1—8　中西方的文化差异

2. 色彩的情感

（1）冷与暖　色彩的冷暖是根据人的体验得来的。看到红色，就会产生温暖感；看到蓝色，就会产生凉爽感。靠近红、橙、紫红等的颜色称为暖色，靠近蓝、蓝绿、蓝紫等的颜色称为冷色。色彩的冷暖在服装设计中具有实际意义，如暖色的冬装使人感到温暖，冷色的夏装使人感到凉爽。

（2）兴奋与沉静　兴奋与沉静和色彩的纯度有直接的关系。红、橙、黄等暖色使人热血沸腾，蓝、青等冷色使人心情宁静。另外，色彩越浅亮，兴奋感越强。在运动服的设计中，多采用兴奋的颜色；而作为科研服装，就多采用沉静色系。

（3）轻与重　轻与重和色彩的明度有直接的关系。像白、浅蓝，这些与蓝天、白云、棉花有关的色彩有轻的感觉，所以明度高的色彩感觉轻，反之明度低的色彩感觉较重。服装的配色如果上浅下深，会给人稳重、严肃之感；相反则会产生轻盈、灵活之感。例如，医护人员的职业服大多使用色感较轻的色彩来减轻病患的心理压力。

（4）华丽与朴素　纯度对色彩的华丽与朴素影响最大。纯度越高，越显华丽；纯度越低，越显质朴。例如，大红色、明黄色、宝石蓝色会使人联想到宫廷、皇室，土黄色、褐色、普蓝色会使人联想到泥土、旷野。在服装中加入闪亮的材质，同样会产生华丽的感觉（见图 3—1—9）。

图 3—1—9　色彩的华丽与朴素（作者：安晓冬）

（5）软与硬　软与硬和色彩的明度、纯度有关。中纯度的色彩有软感，高纯度和低纯度的色彩都有硬感。明度高、纯度低的色彩感觉柔软，明度低、纯度高的色彩感觉坚硬。无彩色系中的黑和白有坚硬感，灰色有柔软感。色彩的软、硬可以在某些特殊用途的服装

中加以运用，如婴儿服装常采用粉红、粉蓝、嫩黄等柔软的颜色与婴儿娇嫩的肌肤相衬。

（6）前进与后退　前进与后退就是色彩的空间感。在色彩中，经常把暖色称为前进色，把冷色称为后退色。从明度方面来看，明度越高，前进感越强；明度越低，后退感越强。在对人体胖瘦的修正中，也会用到服装色彩的前进与后退。对于身材瘦小的人，可以运用某些前进色来增加丰满感；而对于身材较胖的人，可以使用后退色来显得苗条或对人体局部的凹凸做适度调整（见图 3—1—10）。

图 3—1—10　色彩的前进与后退

提示

在色彩设计中，适当地使用色彩的情感寓意来表达设计师的意图是非常有效的设计手段。

第 2 节　服装配色规律

一、明度配色

明度配色是指在服装设计中将不同明暗程度的色彩进行组合搭配的一种方法。这样的配色突出强调了色彩明暗程度的对比关系，而色彩的色相、纯度关系居于次要考虑地位。

在服装色彩设计中，明度之间的关系可以起到控制整体配色效果的重要作用，可以形成含蓄、轻柔、庄重、活跃、安静等不同效果。从服装整体色调来看，明度配色有高明度基调配色、中明度基调配色和低明度基调配色三种形式（见图 3—2—1）。

图 3—2—1　明度配色（作者：郑慧群）

1. 高明度基调配色

高明度基调配色是一种以高明度占大面积或居主导位置的配色，色调优雅、明亮。

它的配色效果轻松、温柔、明快、兴奋，是年轻人所喜爱的色调，也是夏季服装常用的色调。

2. 中明度基调配色

中明度基调配色是一种以中明度占大面积或居主导位置的配色，色调高雅、恬静，适用的人群较广，并且适用于四季服装的配色。

3. 低明度基调配色

低明度基调配色是一种以低明度占大面积或居主导位置的配色，色调为偏黑色的沉静调子。低明度基调配色具有庄重、严肃而忧伤的色彩感情，是适用范围较广的配色，年轻人穿着显得文静、内向而深沉，老年人穿着显得庄重、含蓄而老成。低明度基调配色也是冬季常用的配色。

二、色相配色

色相配色是指在服装设计中将不同色相的色彩进行组合搭配的一种方法。这样的配色突出强调了色相的对比关系。

1. 一色配色

一色配色也称单色配色，是特定人群如教师、公司职员等的制服的首选配色。一色配色与多色配色相比，更能突出服装的款式、面料的质地和肌理的美感。一色配色有无彩色系和有彩色系两种选择。

（1）无彩色系的服装配色　黑、白以及各种灰色被称为服装永恒的色彩，在服装中无彩色系的配色不炫目、不张扬，适用范围广，给人无限遐想的空间。

图 3—2—2　黑色服装

◆ 黑色服装（见图 3—2—2）　黑色通常是高品位的代名词，是设计师常用的色彩。黑色服装给人既高雅又神秘、既庄重又理性的感觉。黑色服装能够凸显出肌肤的娇嫩，形成尊贵、超俗的意韵，还可以有效地改善体态。但是，如果黑色的使用面积较大，会给人带来压抑的感受，且使服装失去活泼感。所以在实际运用中，最好略施它色，或采用镂空、肌理等细节变化来丰富服装效果。

◆ 白色服装　白色是一种高尚、内在的色彩，带有纯洁、清爽、质朴、迷人的气息。白色需要精心的设计才能显示出不凡的情调。白色跨越了季节的界限，适合不同的场合和人群，工作服、礼服、休闲服、裘皮大衣等都可以是白色的。本白是略带米色的白，因为安全、稳定、朴素而受人喜爱；漂白是纯净的白色，是卫生、医疗等特定职业的工作服和礼服的首选颜色。

◆ 灰色服装　灰色是黑和白的中和色，兼有黑、白两色的特点。灰色是中国人非常喜好的色彩，温和、含蓄、高雅、沉着。黑和白之间可以有许多层次的灰，浅灰色明朗、高雅、轻柔，深灰色含蓄、深沉、厚硬。在现代繁华都市中，灰色带给人们一片宁静的空间。不同年龄段、不同性别的人都可以从灰色服装的穿着中得到视觉上与心理上的满足（见图 3—2—3）。

图 3—2—3　灰色服装（作者：安晓冬）

（2）有彩色系的服装配色　单一的色彩运用要更加注重人的肤色、体型和面料的材质等特点，设计时以个人的兴趣、爱好为依据，并注意结合不同场合、季节、环境等因素。以下是一些单一色相配色的实例（见图 3—2—4）。

红色系

黄色系

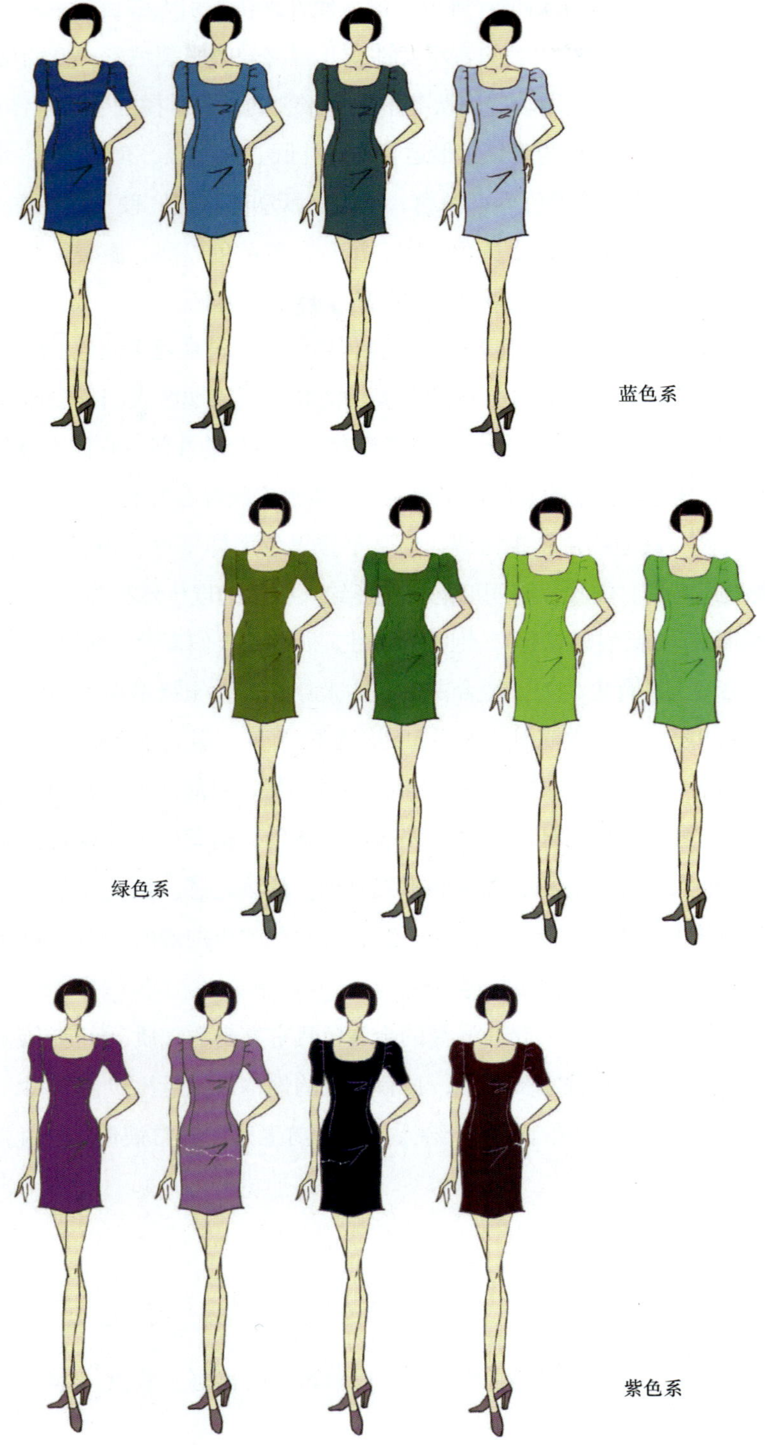

图 3—2—4　单一色相的配色实例

◆ **红色系服装** 红色是最热情、奔放，最能使人兴奋、引人注目的色彩。高明度的粉红色具有柔美的性格，是皮肤白皙的青年女性和儿童喜爱的服装色彩；低明度的暗红色显得沉着、稳健，是适合年龄范围较广的秋冬季男女服装的色彩；橘红色适宜作运动休闲服，具有健康、年轻的表情；闪光的紫红色最适合作为礼服、表演服，有着华丽、高贵的气质。

◆ **黄色系服装** 浅淡的黄色具有飘逸、华美、跃动的性格，使用的范围与人群较广，尤其是儿童穿着显得娇嫩可爱；土黄色朴实、沉着；橘黄色热烈、温暖；明黄色是黑皮肤人的最佳色彩选择，强烈的对比效果会产生粗犷、奔放的美感。

◆ **蓝色系服装** 蓝色系是使用率较高的服装色彩，中国是爱用蓝色的国家。在我国古代，平民百姓都穿着蓝色服装，文人用蓝色表示清高。江南地区人们喜爱蓝印花布，云贵地区的少数民族喜爱蓝色蜡染和扎染。蓝色具有宽广、多变的性格，它作为服装的颜色几乎适合每一个人，尤其是与亚洲的黄色皮肤相配，使黄色皮肤看上去带有红润感。深蓝色接近黑色，明度低，易与其他的色彩相协调，但又不像黑色那样平直，包含一定的色彩倾向，深蓝色的服装显得高尚、文雅；高明度的蓝色还给人极强的现代感和高科技感。

◆ **绿色系服装** 绿色具有温和、饱满的个性，所以被人们喜爱。嫩绿色像新生的嫩芽，代表着清新、生动，富有生命力，适合白皮肤的人穿着；孔雀绿是高贵华丽的色彩，通常使用在礼仪服装的配色中；橄榄绿使人联想到军服的颜色，穿上会显得帅气、洒脱。

◆ **紫色系服装** 在古代，由于紫色的染料珍贵难得，只能作为官服的颜色，所以紫色代表高贵、庄重、奢华，同时还有一种神秘感。淡紫色、藕荷色、玫瑰紫、浅青莲等一些明度高的紫色则给人高雅、温和、柔美而不失娇艳、活泼之感，是女性服装的代表色。但紫色服装不适合皮肤暗黄的人穿着，因为一经对比面色就更加难看。而且紫色对于服装的面料比较挑剔，如果使用不当就会显得俗气。

◆ **带有光泽的金属色服装** 带有光泽的金属色具有高贵的气质，大面积使用时有刺目、炫耀感。金色富丽堂皇，象征富贵荣华，具有黄色的性格。银色比金色温和，具有灰白色的性格。光泽色还具有高科技的意味，给人神秘、前卫感，通常被使用在礼服、表演服、展示服中。

提示

采用一色配色的服装色彩搭配手法，要考虑着装者的喜好、肤色、体态等因素，因为此配色效果更加突出这些因素。

2. 多色配色

多色配色较一色配色难度要大得多，但视觉效果更丰富。

（1）不同对比关系的配色　服装设计时，可以确定一色或两色作为主导色，也就是使服装具有主色调，接着采取大统一、小对比的方法调和色彩。使用的色彩越多，就越需要调和手法的运用。

◆ 同类色　同类色指色相环上相邻的两色，由于过于协调，所以视觉效果呆板、单调、无趣，但整体感较强，可表现出静态、含蓄、稳重的美感。

◆ 邻近色　邻近色指色相环上距离 30° 左右的色彩组合，配色效果单纯、和谐、柔和、高雅，但视觉效果含糊不清，必要时可以通过改变明度差来加强效果。邻近色是中、老年人喜欢的服装色彩组合。

◆ 类似色　类似色指色相环上距离 60°～90° 的色彩组合，配色效果丰满、活泼、热情，既保持了统一的优点，又克服了视觉的不足，是服装设计和纺织品设计常采用的配色手法。

◆ 对比色　对比色也称大跨度色，指色相环上距离 120° 左右的色彩组合，有鲜明的对比感，视觉效果强烈、醒目、活泼、丰富，但易造成视觉疲劳、易杂乱。

◆ 互补色　互补色指色相环上距离 180° 的色彩组合，是色相中对比最强的色彩关系，常出现在服装标志、民族风情服装、街头广告、橱窗、商品包装上。互补色配色具有强烈的民族感，也是最难处理的色彩关系，处理不当容易产生幼稚、原始、粗俗、不协调的效果。互补色的使用要结合调整色彩的纯度、明度、面积等手法进行（见图 3—2—5）。

图 3—2—5　互补色的运用

◆ 无彩色与有彩色　常见的无彩色与有彩色的色彩组合有黑与红、红与白、白与绿、黑与白与红、白与灰与蓝等。这种服色的对比效果大方而活泼，是覆盖面最广的大众化配色方案（见图 3—2—6）。

图 3—2—6　红与黑是永恒的色彩搭配典范（作者：安晓冬）

（2）重叠的透明衣料　重叠的透明衣料会产生丰富的色彩变化，在礼服、表演服或夏季裙装中应用较广。例如，透明的柠檬黄与透明的蓝绿色重叠时，会产生翠绿的色彩感觉；透明的蓝色与透明的品红重叠时，会产生青莲或紫红的色彩感觉。当两色透叠时，一般情况下，纯度会降低。两层或多层透明的衣料重叠时，产生一定的变化和动感，当面上的衣料透明，底层的衣料不透明时，服装的色彩呈现两色相混的颜色倾向。透明衣料的使用是现代服装最常见的手法之一（见图 3—2—7）。

（3）色彩的中性混合　针对年轻人群的品牌，经常以色彩取胜，彩条和颜色点是主要的配色运用手段（见图 3—2—8）。

图 3—2—7　多层透明衣料重叠的丰富效果（作者：安晓冬）

图 3—2—8　色彩的中性混合（作者：李燕）

提示

色彩的多色配色手法丰富，在配色中可以依据一定的规律进行常规的配色，也可以大胆创新，设计出不同凡响的配色。

三、纯度配色

当一种颜色混入另外一种颜色时，就改变了原有色相的纯度，混入的颜色种类越多，色彩的纯度越低。色彩的纯度划分为高纯度（鲜艳）色调、中纯度色调和低纯度（灰浊）色调（见图 3—2—9）。

图 3—2—9　纯度配色

1. 高纯度配色

高纯度配色是以高纯度色为主的配色，色调刺激、鲜明而强烈。它的配色效果轻松、明快、兴奋，适宜年轻人穿着。

2. 中纯度配色

中纯度配色是以中纯度色为主的配色，视觉效果温和、稳重。配色时如果缺少变化，可以通过调节明度和纯度差增加视觉感受。中纯度配色适宜的人群较广，适合的服装类别较多。

3. 低纯度配色

低纯度配色是以低纯度色为主的配色。其配色视觉效果统一、含蓄，但是比较容易产生平淡无味、沉闷的感觉，色彩设计时要适当加大明度差，使整体配色明快、轻松。

第 3 节　服装配色技法

一、服装色彩设计构思的方法

服装色彩设计构思是服装设计师对于服装色彩思考酝酿的过程，设计要从服装色彩的艺术审美性和功能使用性等方面来考虑。服装色彩的设计构思来源于以下几个方面：

1. 着装对象的启示

服装色彩首先要考虑穿着对象，穿着对象有年龄、性别、性格、肤色、体型、气质等特点。通过对这些特点的了解，借助色彩这支神笔，勾勒出穿着者的优美体态和气质内涵。

2. 社会信息的启示

对社会信息及时准确地把握是服装设计师制胜的法宝。服装设计师要走出去了解市场，了解消费变化和流行色变化。色彩的流行现象，从客观上来说是一种经济现象，反映了消费者收入水平的提高和生产工艺技术的进步；从主观上来讲是人们求新求异的心理和精神上的需求。这就是在服装设计课中要安排市场调研，并根据调研结果写出服装市场分析报告的原因。

3. 自然色彩的启示

广阔的大自然色彩丰富，四季、风景、植物、动物都可以给予我们遐想的空间，一朵花、一棵草、一枚贝壳、一只蝴蝶……都是设计师的灵感来源。服装设计师从大自然中汲取营养，给设计注入新的内涵。有趣的是，色彩的命名有很多直观地取自自然界，如鼠灰、蟹壳青、孔雀蓝、玫瑰红、土黄、夕阳红、桃红、橘红、孔雀绿、杏黄、象牙白等色。一度流行过的宇宙色、海洋色、沙漠色、动物毛皮色、热带丛林色等都是人们对于五光十色的自然界的感知和运用。

4. 姊妹艺术的启示

在艺术创作的领域中各种艺术都具有各自的特点，存在着差异和区别，但同时，各种艺术创作又有共通的一面，它们在相互联系、相互影响中不断发展。服装色彩设计可以从诸如绘画、音乐、建筑、影视、戏剧及其他艺术领域中获得构思的启发。“音色”一词充分说明了色彩与音乐之间的密切关系，在服装色彩上也常会提到节奏感与旋律感，这是服装色彩设计的两个形式法则。虽然文学语言不具备色彩的可视性，但是它可以唤起人们的联想。如中国诗句中的“一道残阳铺水中，半江瑟瑟半江红”“日照香炉生紫烟，遥看瀑布挂前川”“千里莺啼绿映红，水村山郭酒旗风”，都为人们勾画了一幅幅情景交融的画面，这些文字表达的意境和情调同样也能成为配色构思的启示因素。

5. 民俗风情的启示

我国有五十六个民族，每个民族都有独特的色彩运用方式。例如，藏族同胞热情豪放，喜爱色彩艳丽的装饰，犹如彩虹般绚丽的氆氇是男女服装的主要特点。瑶族的锦绣古艳厚重、斑斓富丽。盘古瑶在黑底上用大红、玫瑰红、粉绿、桃红来装点衣襟；金秀瑶女装以橘红、橘黄点缀在深蓝、黑色的调子上。我们把视野扩大到世界范围，从埃及动人心弦的原始色彩到日本审慎的中和色彩，从非洲土质色调到古希腊睿智的大理石色彩都可以激发服装设计师的灵感（见图 3—3—1）。

图 3—3—1　苗魂（作者：刘志坚）

提示

生活环境、自然景观、民族艺术等永远是激发创作激情的原动力，作为服装设计师要时刻关注生活，了解我们几千年来的艺术瑰宝。套用一句老话：民族的才是世界的。

二、影响配色的因素

1. 面积

色彩面积的大小决定了色调的倾向。在色彩面积接近时，色彩相互之间产生抗衡，对比效果强烈；当色彩面积大小相差悬殊时，色彩就产生了主、次之分，既有强调又有烘托。

2. 形状

形状是配色的又一要素，如方、圆、直、曲、点、线及其他的自然形状。形状会导致色彩对比的强弱不同。形状越完整、越单一，外轮廓越简单，色彩对比效果越强；形状越分散，外轮廓越复杂，色彩对比效果越弱。

3. 位置

色彩的位置对配色的影响也很大。重要的、突出的色彩通常放在腰线以上的位置，来提高人体腰线，强调重点部位。

4. 数量

同一件服装由于色彩数量的增加，效果会有很大变化。多色比两色或单色的视觉效果更丰富、更耐看。

除了以上所讲的因素外，服装色彩还要与款式、材质、使用的场合、环境等方面协调一致。

三、流行色的预测与运用

五彩缤纷的服装色彩是如何变化的？是否有规律可循？这是所有服装设计师在色彩设计过程中非常关注的问题。因为流行就意味着符合多数人的审美意趣，能够被大众接受。但是，服装色彩的流行趋势又很难按照常规演变发展，需要通过广泛的市场调查和消费层次分析，还要结合专家的预测和科学的统计，综合做出关于服装色彩的发展动态预测。在世界发达地区，人们对于流行色比较敏感，色彩流行变化的速度相对快一些，所以流行色也会受到时间和地域的限制。

1. 流行色的时间

一套流行色从产生到完全被取代要经历 5 ～ 7 年的时间，这个阶段可分为始发期、上升期、高潮期和消退期四个时期。其中，高潮期也称为黄金销售期，一般为 1 ～ 2 年。一些像 T 恤衫等价格比较便宜的休闲类服饰，流行色变化就更快。掌握流行色的变化规律，对流行色预测有很大的协助作用。

2. 流行色的内容

流行色并不是以一个颜色单独出现的，而是以主题的形式配以几种甚至是十几种颜色为一个色组和部分相关图片出现的（见图 3—3—2）。流行色组包括常用色、时髦色和点缀色。

图 3—3—2　2008 年流行色

（1）常用色　为了使某个地区或某个民族接受或喜爱，流行色常常会考虑使用一些常用色彩，所以在新潮的流行色中还往往加入少量的特定色彩。

（2）时髦色　在一个色组中有控制色调的几个主要颜色，包括将要流行的始发色和正在流行的高潮色，这些色给人新的意境，是流行的主色调，称为时髦色。

（3）点缀色　一般在一个色组中存在着几个与主体色调呈补色关系的色彩，称为点缀色，起到小面积的点缀作用。

图 3—3—3 是国外权威机构 Fashion Snoops 发布的 2017 年春夏流行色趋势。每张图均有常用色、流行的主色调（时髦色）和辅色（点缀色）。

如：粉紫色给人含蓄、优雅、高贵的感觉；浅奶酪色是接近奶酪色的浅黄色，如同海边午后的阳光，温暖惬意；粉橙色给人充满青春和活力的感觉，橙色融入了粉色调后，减少了耀眼、炫光，增加了甜美和温柔、浪漫与温馨；玫瑰粉是近几年一直都比较流行的色彩，像少女心中美丽的梦境，适合同优雅的灰、白色进行搭配，更突显优雅、甜美；铜橙色比浪漫的少女风格增加了一抹成熟及稳重，突显气质；淡雅肃静的浅青色，给人的感觉是那么的清新；浅紫色比浅青色增多了一缕丝丝浪漫的情怀；橄榄绿给人内敛、低调、不张狂的感觉，在复古的基础上增加了知性和点点生机；孔雀绿比橄榄绿更加亮眼，复古的同时也明亮艳丽。

图 3—3—3　2017 年春夏流行色趋势

图 3—3—4 是权威机构发布的 2017 年服装流行趋势。第一个系列图片，主题来源于自然界中的昆虫、树叶枝干等植物、动物变形的纹样图案，体现“回归自然”，找寻枝干和昆虫的自然之美；第二个系列图片主题体现“地球天使”，从山脉、河流、冰川、树叶的枝干、阳光、空气、沙漠、纯净的水、微风等大自然中充满生机的原动力中，找寻精灵之美；第三个系列主题体现“花花世界”，像花仙子一样，绽放美丽、表达鲜艳之美；第四个系列主题为“抽象的黄”，各种黄色的运用，如金黄、橘黄、绿黄、荧光绿黄，看着就让人心花怒放，又像抽象画一样，震撼人的心魄；第五个系列主题为“黑白节奏”，经典的黑和白是永恒的主题，宽窄、大小不一的条纹、波点，述说着一种别样的韵律与节奏；第六个系列主题为“朦胧到底”，带着一股仙气，朦朦胧胧、缥缥缈缈。

系列一：

BORA BORA FLORA
S/S 16

系列二：

EARTH ANGEL
LOOK TO THE DESERT FOR A SELECTION OF BURNT HUES AND COOL BLUES.

系列三：

系列四：

系列五：

系列六：

图 3—3—4　2017 年服装流行趋势

本章小结

本章的主要内容是服装配色的基本方法和技巧，以及如何借鉴和运用发布的流行色趋势进行服装设计。流行色的发布常常带有特定的主题，它的使用确实为服装设计师们提供了有力的帮助，但是如果大家都把流行色组照搬照抄，就会产生相反的效果。所以对待流行色的使用还要灵活，要加入自己的见解和想法。

思考与练习

1. 绘制 1 张 24 色相环。
2. 查找最新流行的服装资料，并进行色彩分析。
3. 运用色彩色相、明度、纯度的配色原理进行服装色彩设计。
4. 搜集服装资料，并针对配色进行分析。
5. 完成 1 张简单款式服装配色练习。

第 4 章
服装设计与服饰纹样

服装与服饰纹样密不可分，在中外服装发展史上，服装上的服饰纹样已经成为不同历史时期的重要特征了。服饰纹样是服装设计师取胜的另一件法宝。作为服装设计师，要对服饰纹样的种类与服饰纹样的组织形式有初步的了解，对服饰纹样的基础工艺有感知，了解服饰纹样在服装设计中的装饰方法，将服饰纹样灵活并创新地应用在日常的服装设计中。

学习目标

1. 了解服饰纹样的类别和组织形式。
2. 了解服饰纹样的制作工艺。
3. 能够完成指定款式女装服饰纹样设计。
4. 能够学会自由运用设计方法完成服饰纹样设计。

第 1 节　认识服饰纹样

一、服饰纹样的种类

服饰纹样主要是指用来装饰服装的图案、图样、设计等。服饰纹样具有装饰性和实用性，是依靠具体的加工手段制作出来的一种艺术形式，通常又被称为纹样或花样。

要想深入地了解服饰纹样的设计技法，必须掌握服饰纹样的规律以及设计的方法和技巧，然后再加以运用。

1. 服饰纹样的内容

服饰纹样囊括了服装和与之相配的饰物（如帽子、首饰、手套、围巾、鞋袜、包装等）上的装饰。

2. 服饰纹样的类别

服饰纹样的范围广泛，内容丰富，可以从以下几个方面进行分类：

（1）按空间形态分为平面服饰纹样和立体服饰纹样。

◆ 平面服饰纹样　平面服饰纹样包括面辅料以及服装配件上的印染、手绘等平面的装饰。

◆ 立体服饰纹样　立体服饰纹样主要包括因服装结构变化形成的皱褶、折裥以及在服装上点缀、悬垂的装饰物。立体服饰纹样能够形成具有凹凸感的立体效果。

（2）按结构形态分为独立式服饰纹样和连续式服饰纹样。

◆ 独立式服饰纹样　独立式服饰纹样又分为单独式服饰纹样和适合式服饰纹样。单独式服饰纹样在服饰中运用很多，也相对比较自由，所受限制较少，可以装饰在服饰任意部位，而且形式灵活。适合式服饰纹样要受到外形的限制，使服饰纹样具有规范性，形式感很强，装饰效果突出。

◆ 连续式服饰纹样　连续式服饰纹样顾名思义就是连续不断的服饰纹样形式，它又分为二方连续服饰纹样和四方连续服饰纹样。前者是带状形式，所以多运用在服装的边缘部位。后者是向上、下、左、右四面延展的服饰纹样形式，多用在纺织面料的印染方法上。

（3）按制作工艺分为印染服饰纹样、编织服饰纹样、拼贴服饰纹样、刺绣服饰纹样、手绘服饰纹样等。

（4）按装饰部位分为领口服饰纹样、袖口服饰纹样、门襟服饰纹样、下摆服饰纹样、裙边服饰纹样、背部服饰纹样等。装饰的部位是服装设计师要强调的重点，装饰的位置、服饰纹样的大小、服饰纹样的风格形式都要与服装风格相匹配。

（5）按装饰对象分为旗袍服饰纹样、T 恤衫服饰纹样（见图 4—1—1）、礼服服饰纹样等。

图 4—1—1　T 恤衫服饰纹样

（6）按素材分为传统服饰纹样和现代服饰纹样，也可分成具象服饰纹样和抽象服饰纹样。再细分有花卉服饰纹样、动物服饰纹样、风景服饰纹样、人物服饰纹样、几何服饰纹样等。

（7）按材料分为纺织面料、纱线、皮革、金属、贝壳、矿石、塑料、人造水晶等，运用不同的材质会产生迥异的视觉效果。

不同的服饰纹样有不同的特点，我们要在设计中最大限度地发挥服饰纹样的作用，为服装的设计增加魅力。

二、服饰纹样的组织形式

从以上分类可以看出，服饰纹样的形式非常丰富，但服饰纹样的组织形式在设计时应遵循一定的法则。服饰纹样的组织形式即服饰纹样的布局和骨架，它既有一定的规律性又灵活多变。

1. 单独式服饰纹样

单独式服饰纹样是服饰纹样中最基本的组织形式，它是指没有外轮廓及骨骼的限制，完整独立，与周围没有任何联系的装饰纹样，如图 4—1—2 所示。单独式服饰纹样可以分成自由式服式纹样和适合式服饰纹样两种形式。

（1）自由式服饰纹样　自由式服饰纹样是指不受外轮廓限制，可以自由地处理外形，单独构成并运用的纹样。它有两种结构：对称式（均齐式）和均衡式。

◆ 对称式服饰纹样　对称式服饰纹样以中轴线或中心点向两边或多方向对称。其效果平稳、庄重，具有极强的稳定感。

◆ 均衡式服饰纹样　均衡式服饰纹样虽然呈现出不对称的状态，但是重心稳定、结构自由，因其更接近自然状态，所以呈现出生动、活泼、自然、丰富的特点。

（2）适合式服饰纹样　适合式服饰纹样被组织在某一特定的外形内，如图 4—1—3 所示。适合式服饰纹样的特点是服饰纹样必须自然完整地与外形相吻合，当外形去掉后，纹样依然具有该外形的特征。纹样所适合的外形可以是几何形，也可以是自然形。适合式服饰纹样的形式很多，有以下几种主要类型。

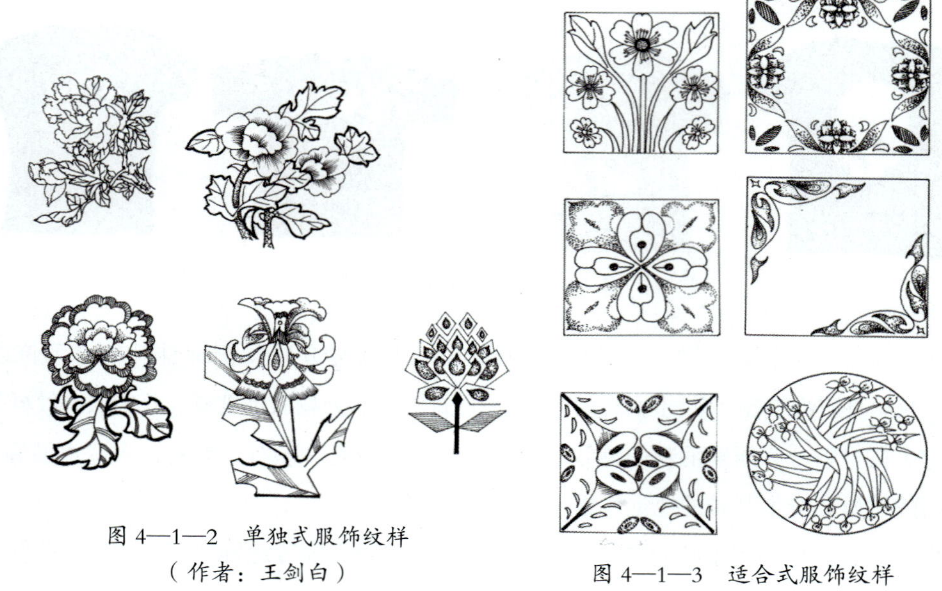

图 4—1—2　单独式服饰纹样
（作者：王剑白）

图 4—1—3　适合式服饰纹样

◆ 直立式服饰纹样　纹样方向明确，或直立向上或悬垂向下的适合纹样称为直立式服饰纹样。它以竖轴为中心，呈均衡或均齐状。

◆ 放射式服饰纹样　放射式服饰纹样在适合式服饰纹样中非常多见。因为它是由三个以上的相同单位做向心、离心或向离心双向组合而成的，所以服饰纹样效果既严谨完整又丰满和谐。放射式服饰纹样在整体关系上要注意衔接位置的处理，不能有生硬感。

◆ 转换式服饰纹样　转换式服饰纹样是由两个相同的纹样做相反方向的排列形成的纹样，有上下转换和左右转换两种。这种形式给人巧妙、灵活之感。在这里要注意两个纹样间的默契，不可使两个纹样独立割裂开来，产生牵强感。

◆ 边缘式服饰纹样　边缘式服饰纹样与特定的外形边缘相适合，也称花边纹样。边缘式服饰纹样有对称式、自由式和连续式三种。边缘式服饰纹样一般用作衬托中心纹样，也可单独使用，一般用于物品周边的装饰。

◆ 角隅式服饰纹样　角隅式服饰纹样即适合角的纹样，它要求服饰纹样的两边与夹角严密适合，可设计成中心轴对称式，也可设计成自由式（见图 4—1—4）。

图 4—1—4　角隅式服饰纹样

单独式服饰纹样在服装中运用很广，可以运用于服装的胸前、背后、领角、衣襟或做服装的整体装饰，另外也可用于围巾、提包、手帕等饰物上。单独式服饰纹样的构成单纯、醒目，具有吸引视线的作用，是一种视觉效果较强烈的装饰服饰纹样形式。适合式服饰纹样外形完整，内部结构与外形巧妙地结合，应用在服装上更加符合服装款式造型的外轮廓。

2. 连续式服饰纹样

连续式服饰纹样是运用一个或几个装饰单元，按照一定的格式，做有规律的或无规律的连续排列所构成的服饰纹样。连续式服饰纹样不仅具有条理与反复的形式美感，还具有强烈的节奏感和韵律感。

（1）二方连续服饰纹样　以一个单位纹样向左右或上下方向有条理地反复、连续排列，形成带状连续形式，并能无限延长的服饰纹样，就叫作二方连续服饰纹样或花边服饰纹样（见图 4—1—5）。二方连续服饰纹样包括以下几种类型：

◆ 散点式服饰纹样　散点式服饰纹样是指以一个或几个装饰元素组成一个基本单位纹样，按照一定的空间、距离、方向进行分散式的点状连续排列后形成的纹样。散点式服饰纹样的单位纹样与单位纹样之间没有直接连接关系，但必须相互呼应，这是散点式服饰纹样构成的特点。

◆ 波纹式服饰纹样　波纹式服饰纹样是指以一个或几个装饰元素组成一个基本单位纹样，以波状曲线为骨架，按照一定的空间、距离、方向进行连续排列，形成的规则的波浪状服饰纹样。波纹式服饰纹样具有起伏优美的特点。

图 4—1—5　二方连续服饰纹样（作者：尹国颖）

◆ 连环式服饰纹样　连环式服饰纹样是指以一个或几个装饰元素组成一个基本单位纹样，以圆形、涡形、椭圆形等为骨架，按照一定的空间、距离、方向进行连续排列，形成的规则的连环状服饰纹样。

◆ 折线式服饰纹样　折线式服饰纹样是指以一个或几个装饰元素组成一个基本单位纹样，以折线为骨架，按照一定的空间、距离、方向进行连续排列，形成的折线状服饰纹样。

◆ 综合式服饰纹样　综合式服饰纹样是指以两个以上的骨骼形式相结合构成的新骨骼为骨架，以一个或几个单位元素进行连续排列后形成的服饰纹样。综合式服饰纹样要注意应以一个骨骼为主，另外的骨骼起衬托作用。

二方连续服饰纹样在服装中可以起到吸引视线的作用，装饰感很强。由于它是条状服饰纹样，所以多用于门襟、袖口、衣边、腰带等边缘部位（见图 4—1—6）。

图4—1—6　二方连续服饰纹样（高田贤三）

（2）四方连续服饰纹样　四方连续服饰纹样是指运用一个或几个装饰元素组成基本单位纹样，向上、下、左、右四个方向做有规律的反复排列，并可无限扩展、延续的面状服饰纹样。它的排列方式较为复杂，既要主题突出、层次分明，又要疏密得当、穿插自然。

第 2 节 服饰纹样工艺

服饰纹样加工工艺的手段和特点是不容忽视的。不同的工艺，造就了服饰纹样不同的外观和触感，为服装设计提供了丰富的素材。

一、印、染工艺

1. 直接印花

直接印花是服饰纹样加工中最常见的工艺手法。它是用辊筒、圆网、丝网版等设备按照设计图样，将色浆或涂料直接印在织物上的一种服饰纹样制作形式，其效果表现力强、色彩丰富、纹样细腻、层次清晰。

2. 蜡染和扎染

蜡染和扎染在我国云南、贵州等少数民族地区广为流传，如图 4—2—1 所示。蜡染是将蜡按照服饰纹样勾画在布上，待冷却后染色，染料一般为蓝靛色，最后将蜡脱去，形成蓝白花纹。蜡染在做画时，不用打稿一气呵成，线条极其细腻，服饰纹样夸张古朴，装饰于服装上具有浓烈的民族韵味。扎染是按照设计方案通过针缝、捆扎的方法进行防染，经煮制后形成花纹，花纹具有偶得的斑斓效果。扎染还可以进行多色套染。扎染具有水色推晕的效果，有朦胧、自然的美感。

图 4—2—1 蜡染和扎染工艺

3. 蓝印花

图 4—2—2　蓝印花工艺

蓝印花布在我国南北方都很盛行，如图 4—2—2 所示。它是以豆面和石灰制成原料，通过雕花版的漏孔刮印在白土布上，白土布染色后形成花纹，染料通常呈蓝靛色。由于雕花版和防染剂的工艺特点，使蓝印花布以点的形式来表现，蓝地白花或白地蓝花，形成了它独有的特色。

目前市场上有许多新的印花工艺，它们绝大多数是用涂料进行印花，区别在于涂料不同，产生的效果也不同。如发泡印花具有凹凸感，适用于局部纹样的印制；特种涂料印花有发光、反射、动感的特异变化。随着印花涂料的不断发展，印制工艺不断地推陈出新，使服装设计的空间更加广阔。

二、织花工艺

织花在我国纺织品生产中有着悠久的历史，早在原始社会织花服饰纹样就已出现。织花最早来源于箩筐的编织，织花品种的发展与纺织机械的发展密不可分，现代纺织机械的迅速发展丰富了纺织制品的色彩和花纹，极大地满足了服装面料市场的需要。

常见的毛料织花有人字、菱形、条格和小提花纹样等不同的织花纹样；丝绸织花有梅、兰、竹、菊、团花、缠枝、龙凤、鸳鸯等吉祥服饰纹样；另外，还有各种装饰花线织成的结子、毛圈、竹节等花纹以及各种织花花边等。织花服饰纹样规律严谨，色彩浓艳，层次丰富，立体感很强（见图 4—2—3）。

三、绣花工艺

中国是刺绣的故乡，在清代就形成了四大名绣。随着电脑绣花的普及，服装绣花更加方便快捷，花纹的变化也越来越随意，色彩更加丰富，大大节省了人力，降低了制作成本。绣花工艺一般以局部装饰为主，构图自由，多使用自由式服饰纹样、适合式服饰纹样、花边式二方连续服饰纹样等形式，具有精致、高雅、传统的艺术美感（见图 4—2—4）。

四、编结工艺

编结工艺是以各种质地的绳为主要材料，通过几个基本结的组合、盘绕、编缝制出具有不同特点的纹样。这些纹样大多是我国传统的具有美好寓意的结，如藻井结、如意结、琵琶结等。编结具有一定的规律性，且有凹凸、薄厚、镂空等丰富变化，是服装、饰品的重要组成部分（见图 4—2—5）。

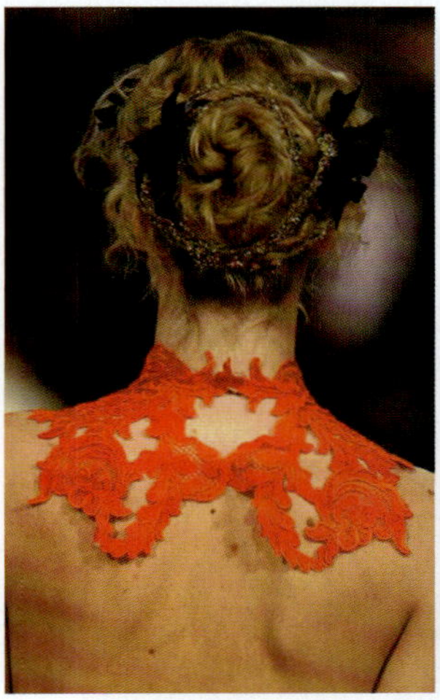

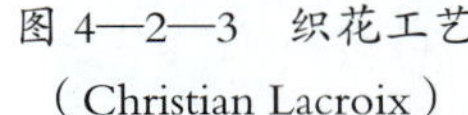

图 4—2—3 织花工艺（Christian Lacroix）

图 4—2—4 绣花工艺（刺绣牡丹屏风）

图 4—2—5 编结工艺

五、手绘工艺

手绘工艺是用染料直接在服装面料上绘制、创作纹样。手绘因不受机械的限制，所以题材更加广泛，表现形式更加随心所欲，且带有个人的性格特点和绘画味道，具有极强的装饰性，深受人们的喜爱。

第 3 节 服饰纹样题材

一、传统服饰纹样的借鉴

中国传统的纹样宝库绚烂而多彩，它是服装设计师丰富的资源。近几年来“中国风尚”盛行，中国传统纹样备受中外服装设计师青睐。

1. 动物服饰纹样

（1）龙、凤 龙是中华民族的象征，是几千年来幻化出来的神的形象，它有鹿角、牛头、蛇身、鹰爪、鱼鳞、狮尾等特征。每个朝代的龙纹各不相同，且姿态各异，有升龙、降龙、

盘龙、云龙等，且都是统治者的专用服饰纹样。凤同样也是幻化出来的神，有鸡的头、鹦鹉的嘴、仙鹤的腿等特征，是各朝代皇室女性服装专用的服饰纹样。龙、凤是瑞兽、祥禽，龙凤的组合有“龙凤呈祥”之寓意。龙、凤是服装设计的常用服饰纹样，尤其是在中式婚礼服中更是必不可少的（见图 4—3—1）。

（2）麒麟　麒麟常以坐骑的形象出现，例如“麒麟送子”就是天降贵子之意。麒麟在服装设计中也常常被用到（见图 4—3—2）。

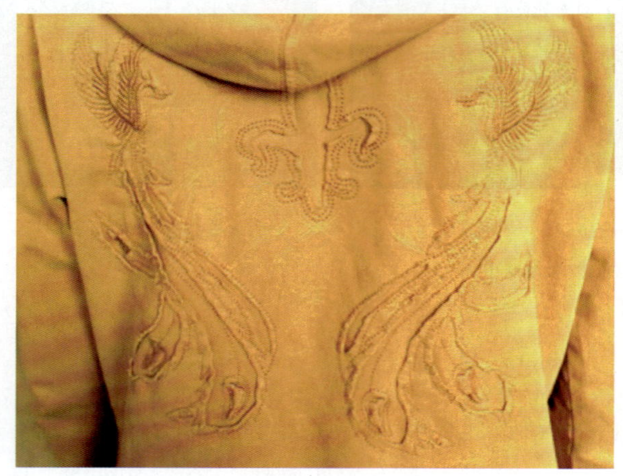

图 4—3—1　凤纹

图 4—3—2　麒麟纹

（3）四神　四神分别是青龙、白虎、朱雀、玄武（龟、蛇缠绕组成），它们分别代表四个方向，并有各自的标志色和季节的区分，在服装和室内设计、包装服饰纹样中经常出现（见图 4—3—3）。

（4）狮　狮是正义之神，形象极其威严，在设计上一般为雌、雄各据一方，前足踏小狮的为雌狮，前足踏球的为雄狮。狮是古代二品武官官服的服饰纹样。至今我国还有舞狮的习俗，狮子滚绣球的形象带有浓烈的民族喜庆气氛，是我国人民非常喜爱的服饰纹样形象。

（5）虎　虎是儿童的保护神，形象可爱的虎鞋、虎帽、布老虎玩具都是为给儿童消灾避难而演变来的。虎是古代三品武官官服的服饰纹样。

2. 植物服饰纹样

（1）莲花　莲花是我国人民非常喜爱的一种花卉，常常与佛教联系在一起，具有圣洁、神秘的色彩。莲花以花头为主要变化部分，做规律的放射，常用于藻井服饰纹样和佛台、生活器皿中。因为莲花是一种具有特定意义的花卉形象，在服装中须谨慎使用。

图 4—3—3　利用四神的设计（作者：安晓冬）

（2）冬草卷草　冬草卷草服饰纹样以波浪形枝蔓为骨骼，配上花朵，或点缀鸟兽、仙女等形象。纹样既流畅又具有节奏，显示了勃勃生机，在服装设计中常常以带状的形式装饰在服装的边缘部分（见图 4—3—4）。

图 4—3—4　冬草卷草形式的服饰纹样

（3）团花　团花服饰纹样由不同的花、果组成，有对称和均衡两种形式。团花服饰纹样形式饱满，内容多样，装饰性强，可以和祥禽、瑞兽组合，用于藻井、器皿、纺织品上（见图 4—3—5）。

（4）折枝花　折枝花服饰纹样是独立的服饰纹样，有对称和均衡两种形式，常与飞鸟、云纹等组合使用，是二方连续、四方连续服饰纹样中常常使用的服饰纹样，给人自然、清新的享受。

（5）牡丹　牡丹在我国因其代表了雍容华贵而备受欢迎，时常装饰于铜镜、金银器、丝织品上。牡丹服饰纹样多使用花头侧面的形态，有的接近自然，有的又具有极强的装饰感，还可以配合鸟、兽、莲花一起使用，有刺绣、手绘、印染等多种形式。牡丹的形象是中国服装史中的宠儿。

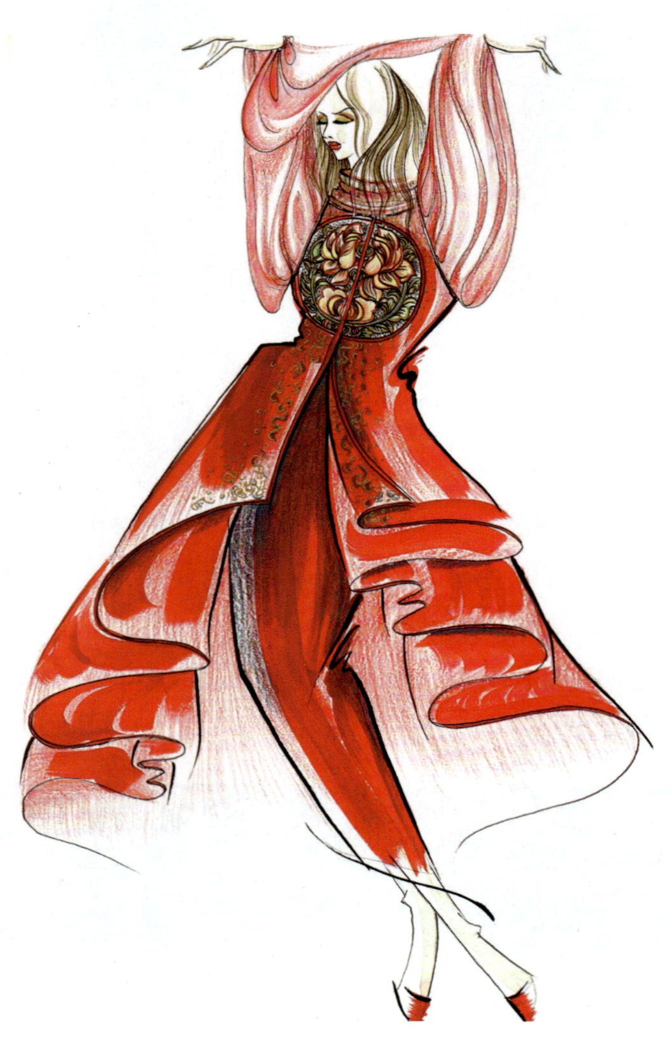

图 4—3—5　团花服饰纹样（作者：安晓冬）

3. 几何服饰纹样

（1）万字纹　万字纹被喻为世界上古老的纹样之一，最早出现在印度，有吉祥、幸运之意，象征着太阳、光明、火、雷电等（见图 4—3—6）。万字纹是带有特殊意义的纹样，给人一种神秘感。

图 4—3—6　万字纹

（2）螺旋纹　螺旋纹是最早的几何形纹样，全世界的原始文化都有螺旋纹出现，在我国又称为“漩涡纹”，代表着周而复始的运动节奏，又有变换、运动、兴奋、神秘之感。回纹、S 纹、迷路纹等都是由它变化来的（见图 4—3—7）。

（3）网纹　网纹最早出现在彩陶的装饰中，是在渔猎生活中根据鱼网的样子经艺术加工而来的。网纹虽然简单，但具有高度概括、典型化、几何化的装饰特点。

（4）云纹　云纹与网纹一样，是从日常生活中观察而来的，这样的纹样还有很多，如日纹、月纹、星纹、雷纹、水文、火纹等。2008 年奥运会的火炬与志愿者的服装就采用了云纹的装饰服饰纹样。

二、民间服饰纹样的借鉴

民间服饰纹样源于平民百姓生活器物上的纹样，它扎根于人民，土生土长，有着浓郁的乡土气息。

图 4—3—7　螺旋纹（作者：安晓冬）

1. 剪纸服饰纹样

剪纸是用来装饰、丰富日常生活的艺术品，盛行于我国大江南北，有的粗犷、简朴，有的细腻、精致。除有黑、红色单色剪纸外，还有染色、套色等彩色剪纸。剪纸常以窗花、灯花、枕花、肚兜、鞋花等形式出现，内容极其广泛，涵盖了生产劳动、婚丧嫁娶、庆贺寿宴等场景以及民间传说、戏剧故事等内容。大多数的剪纸都有指物会意的作用，如：金鱼和荷花、荷叶、水草构成了象征富贵常在的“金玉满堂”；喜鹊站在梅花上预示喜事到眼前的“喜上眉梢”和“喜鹊登梅”；五只蝙蝠围绕寿字，就构成了代表长寿、安康的“五蝠拜寿”；石榴、桃、佛手组合象征多子、多寿、多福的“三多纹”。剪纸服饰纹样带有很强的民族、民间的味道，深受国内外服装设计师喜爱。

2. 刺绣服饰纹样

图 4—3—8　民间娃娃的围嘴（包花绣）

刺绣俗称绣花，有机绣和手绣之分。刺绣在绣法和风格上各地区、各流派有所区别，有的夸张、传神，有的具象、细腻。刺绣服饰纹样的题材非常广泛，有花鸟鱼虫、龙凤虎豹、山水人物、青松翠柏、亭台楼阁等；丝线的色彩也非常丰富，广泛用于服装、鞋帽、围嘴（见图 4—3—8）、枕套、桌布、门帘、被面等处，深受人们喜爱。当前，有很多服装工作室把手工刺绣工艺作为单量单裁的高级服装的主要加工手段，可见刺绣的魅力。

3. 泥玩具服饰纹样

泥玩具是民间艺人为孩子制作的玩具，它是在用火烧制过的泥胎上上彩，勾勒出五官，最后上清漆，使色彩不会脱落。像苏州的阿福、贵州的生肖泥哨就各有不同，但大都不重形似而重神似，体现稚气。服装设计师可以提炼泥玩具中的传统元素，将民间风格与当代艺术有机地融合在一起。

4. 木版画服饰纹样

图 4—3—9　青花瓷瓶的造型与龙纹服饰纹样的运用

木版画是指以木刻水印的形式创作、刻制的装饰画，题材有戏剧故事和吉祥内容，如八仙过海、五子登科、招财进宝、一团和气等。用于祭祀的木版画多采用对称形式，显示威严和庄重。总之，木版面形象简练，注重夸张，强调性格，以平面化造型给人严厉而又和善的感觉。服装设计师可以将木版画的纹路肌理、套色原理和排线方式运用在服饰纹样中，或利用木版画的传统工艺实现服装的印花处理和面料再造的肌理效果。

5. 陶瓷服饰纹样

陶瓷是中国的国粹。陶器上的纹样由于制作工艺的限制，形式简单、质朴。瓷器的色彩非常丰富，纹样涉及广泛，动物、植物、人物无所不有。在所有瓷器中给人印象最深的莫过于青花瓷、粉彩瓷，它们在服装中被大量运用（见图 4—3—9）。

此外，民间服饰纹样还有壁画、皮影、织锦、风筝、石刻、砖刻等。这些工艺品种在运用过程中绝不能生搬硬套，要适合服装的设计风格和工艺特点，在了解其精髓后，才可以运用到服装设计中。

三、外国服饰纹样的借鉴

1. 波斯服饰纹样

波斯纹样内容广泛，有人物、动物、植物、几何形等，工艺品种十分丰富，其中陶瓷、染织品最闻名。波斯服饰纹样有别于其他服饰纹样的最显著之处是纹样结构独特、严谨，造型自然、浪漫，对我国隋唐时期的服饰纹样有重大影响。

2. 日本服饰纹样

在日本，凡是印染、绘制生产的适宜做和服的纹样均被称为友禅绸（见图 4—3—10）。大多数的友禅绸是经过多种工艺完成的，如印染、手绘、刺绣、扎染、蜡染、揩金等。友禅绸题材多为松鹤、扇面、樱花、龟甲、红叶、青海波、竹菊等。由于日本受中国文化的影响，唐卷草、雷纹等纹样也被用在友禅纹样中。友禅纹样简洁、韵味深远，具有独特的装饰感。

图 4—3—10　友禅图案

3. 埃及服饰纹样

埃及纹样大都是以人为主体，配以植物、动物、几何形等纹样。埃及服饰纹样中人物的造型很有特色，为了更清楚地表现主观想法，在侧面的脸上绘正面的眼睛，正面的上半身配侧面的四肢。埃及的服饰纹样与文字一样，是对生活的高度概括，有鲜明、简洁的装饰特点。图 4—3—11 所示为约翰·加里耶诺的埃及风格设计。

4. 非洲服饰纹样

非洲盛产乌木、黑檀木等珍贵木材，这些木材适合做木刻、木雕、面具等。非洲纹样常以人物形象为主，造型怪诞，表情诡异，极具装饰性，运用在服装设计中以体现别具一格的异国风情。

5. 佩兹利服饰纹样

佩兹利是英国的一个城市，18 世纪初以生产佩兹利围巾而著称。佩兹利在中国被叫作“火腿纹”，在伊朗及克什米尔地区被称为“巴旦姆”或“克什米尔纹样”，在日本被称为“曲玉纹样”，在非洲被叫作“腰果纹”，可见此纹样流传之广。佩兹利纹样采取提花、色织、印染、刺绣等工艺手法，在格式、色彩、表现手法上不受约束，其典型形象具有古典韵味。图 4—3—12 所示为高田贤三对佩兹利纹的巧妙运用。

图 4—3—11　约翰·加里耶诺的埃及风格设计

图 4—3—12　高田贤三对佩兹利纹的巧妙运用

四、绘画的借鉴

绘画作品作为服饰纹样运用到服装中，已经不是什么新鲜的做法。服装大师伊夫·圣·洛朗在设计中就多次成功地运用了毕加索（见图 4—3—13）、凡·高、蒙德里安等大师的作品，取得了很好的装饰效果。

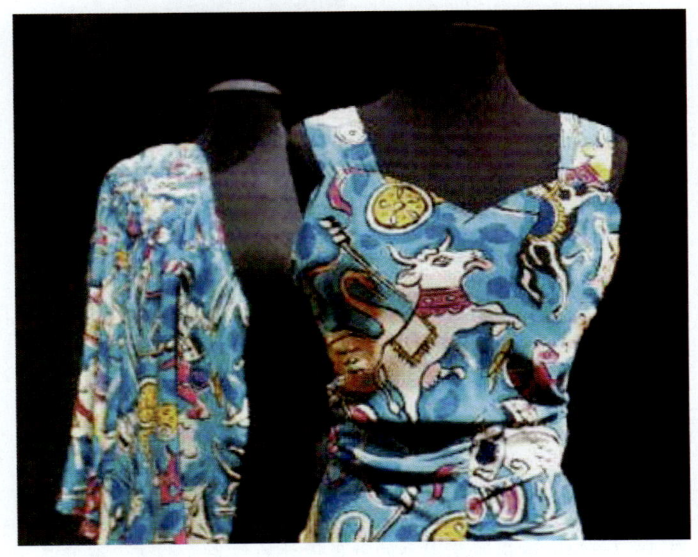

图 4—3—13　毕加索的绘画使服装具有了文化内涵

1. 西方现代画

西方的绘画有许多流派，除了写实主义画派，近代又出现了印象派、野兽派、表现派、立体派、超现实主义画派等。总体来说，西方的绘画强调主观意识，色彩抢眼，尤其是印象派，带有强烈的个人色彩。有许多西方绘画艺术家的作品被运用到服装上，成为服装设计师的设计题材。

2. 中国画及书法、篆刻

（1）中国画　中国画有着悠久的历史、浓郁的民族风格和鲜明的时代特色，它不仅是近、现代绘画艺术的发展基础，也影响了日本等周边国家的绘画。人物画生动地描绘人物的表情、动作和姿态；山水画以崇山峻岭、层峦叠嶂等自然景观的描绘为主要特征；花鸟画除花鸟外，还包括“梅、兰、竹、菊”四君子，题材更为广泛。这些题材都早已被中外服装设计师广泛地运用于服装设计之中，为服饰纹样题材的拓展提供了丰富的内容（见图 4—3—14）。

图 4—3—14　运用写意国画的效果设计的作品（作者：安晓冬）

（2）书法　书法作为一门独特的艺术形式，在我国有着悠久的历史，不断被人延续、发展，并对日本、韩国的文字产生了重要的影响。汉字的形成经历了甲骨文→大篆→小篆→隶书→草、行、楷等几个阶段，汉字有的苍劲有力，有的娟秀柔媚，非常适合做具有传统韵味服装的服饰纹样。

（3）篆刻　篆刻有姓名表字印、肖形印、子母印、连珠印、花押印、吉语厌胜印、收藏鉴赏印等。篆刻作为服饰纹样在服装中应用广泛，它的形式非常像服饰纹样中的适合式纹样，具有很高的装饰性。

提示

中国画、书法和篆刻都是我国特有的艺术种类，在服装设计中，既可以单独使用，也可以整体使用。中国画、书法和篆刻开拓了面料设计的思路，使设计具有典雅、耐人寻味的韵致。

五、现代服饰纹样的借鉴

现代服饰纹样能够更贴近现代服装的设计要求，而且题材广泛，不受限制。现代服饰纹样有都市生活题材的，如汽车、楼房、器皿、广告等；有宇宙幻想题材的，如飞船、宇宙、星际等；有人物题材的，如明星、口唇、人体等；有卡通造型题材的，如阿童木、米老鼠等卡通人物和卡通动物；有另类气质题材的，如骷髅、鬼怪等；有大自然题材的，如花、草、树、动物的皮毛、鸟的羽毛等；有几何服饰纹样题材的，如点、线、条格等（见图 4—3—15 至图 4—3—21）。当前，欧普艺术的几何形体的错视图形又大行其道，除了可以形成凹凸、漩涡、震颤等强烈的视觉效果外，色彩也更加丰富。

图 4—3—15　品牌就是永恒的图案（Chanel）

如此多的服饰纹样为服装设计师提供了丰富的资料来源，服装设计师在运用服饰纹样时要将其与服装风格、服装款式、摆放位置、面料质地、制作工艺等要素结合起来，并充分地发挥想象力，使服饰纹样具有既突出又协调的趣味性。

图 4—3—16 可爱的娃娃形象最适合做童装的图案

图 4—3—17 数字、摩托、喷洒的色点突显了男性阳刚的气质

图 4—3—18 名人的头像是很好的图案素材

图 4—3—19 涂鸦的运用使服装充满了随意、洒脱的韵味

图 4—3—20　图案变化最快、题材最广泛是 T 恤衫的一大特点

图 4—3—21　都市女装上的图案经常以单色配花色（作者：安晓冬）

第 4 节　服饰纹样装饰形式

服饰纹样可以说是服装画龙点睛的部分，直接影响服装的整体效果。服饰纹样的装饰形式最能够表达服装设计的主体思想和个性特征。

一、局部装饰

当服饰纹样以局部装饰的形式出现时，服饰纹样最具视觉冲击力，题材内容最具吸引力。

1. 边缘装饰

边缘装饰的部位主要指服装门襟、领口、袖口、底摆、口袋边、裤口、侧缝等处，装饰的形式以二方连续服饰纹样为主，装饰后可增强服装的轮廓感和线条感，视觉效果典雅、华丽、端庄，易于表现服装的结构特色。

边缘装饰具有线的性格，纵向的边饰能增加修长感，横向的边饰可增加宽阔感。身材矮胖的人可在门襟、侧缝处装饰纵向服饰纹样；肩部不够宽阔的人可以在肩部横向装饰边饰纹样。装饰在服装上部的服饰纹样可以使重心上移，具有活泼的动感；装饰在下摆和裤口处的服饰纹样有安定、沉稳的视觉效果（见图 4—4—1）。

2. 点装饰

点装饰在这里并非单指各种形状的点，还包括各种平面、立体的自由式与适合式服饰纹样的形式，常装饰于服装的胸部、背部、腹部、臂部、腿部、肘部等处。在这些部位的点装饰容易达到强调服装特色及穿着者个性和爱好的作用，具有醒目、集中的意味。

局部装饰对服饰纹样的大小、形态、材料等没有固定的标准，形式也多种多样，如局部印染服饰纹样，局部抽纱服饰纹样，局部贴、补花服饰纹样，局部编、绣服饰纹样，另外还有胸花、佩饰、商标等。局部装饰所强调的部位大都是能够吸引人且比较完美的部位，如果装饰的部位不够完美，就会产生扬短的负面作用。

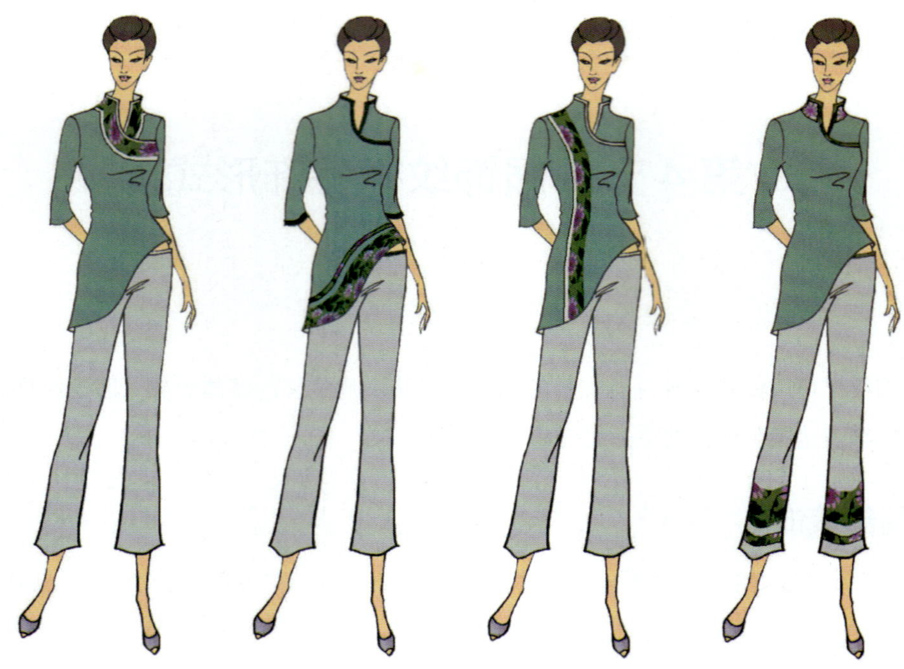

图 4—4—1　服装在边缘装饰的设计（作者：郑惠群）

二、整体装饰

与局部装饰相对，整体装饰即所谓的“面”的装饰，也就是面料的选用，我们常用的面料是四方连续服饰纹样和独幅服饰纹样。独幅服饰纹样的运用使服装更具特色，它是以风景、人物、动物、花卉等具象或抽象形象为纹样，将其与服装款式巧妙地结合，形成服饰纹样装饰。如，裙子上的纹样从底摆处向上用花朵由密到疏逐渐过渡，整体纹样与真人的巧妙结合，使服装具有变化和精巧的装饰感。有些服装是先裁片后印制，由于工序的影响，服装生产在数量上相对减少而在成本上相对提高。图 4—4—2 所示为伊夫·圣·洛朗对整体装饰的运用。

图 4—4—2　整体装饰（伊夫·圣·洛朗）

三、配饰装饰

配饰的种类有很多，主要指鞋、帽、围巾、包、伞、腰带、手表、首饰等。

配饰上的装饰一般要有一个装饰中心（见图 4—4—3、图 4—4—4），且与服饰纹样的装饰风格要尽量保持一致，如点配线、小花配大花、方配圆等。简洁的服装可以利用配饰的突出装饰效果，来丰富视觉感受。

图 4—4—3　Zippo 打火机上的浮雕装饰图案

图 4—4—4　首饰上的镂空图案

四、系列服装的装饰

系列服装既相对独立又相互联系，在设计上难度较大，常见的装饰手法有以下几种：

1. 不同款式、相同服饰纹样

系列服装一：以相近或相同的服饰纹样装饰于不同的服装款式上，服饰纹样使系列服装统一，服装款式又使系列服装产生变化（见图 4—4—5）。要注意服饰纹样在每套服装上位置的选择。

2. 相同款式、不同服饰纹样

系列服装二：以不同的服饰纹样装饰于相同的服装款式上（见图 4—4—6）。这里要注

意的是服饰纹样虽然不同但风格要相似，装饰的重点也不应只在位置的变换上下功夫，而要注重服饰纹样自身的变化。

图 4—4—5 不同款式、相同服饰纹样的系列服装设计（作者：郑慧群）

图 4—4—6 相同款式、不同服饰纹样的系列服装设计（作者：唐璟）

3. 相同款式、相同服饰纹样

系列服装三：以相同的服饰纹样装饰于相同的服装款式上，而服装纹样在位置、面积上有所不同，使整体服装既和谐又富有变化（见图 4—4—7）。

图 4—4—7　相同款式、相同服饰纹样的系列服装设计（作者：郑慧群）

实训 6

女装服饰纹样设计案例

女装服饰纹样的设计流程（作者：安晓冬）

第 1 步，设计基础纹样

纹样设计分析：此款女装服饰纹样的基础单元是不同大小叠加在一起的五角星，以黑白灰为主色调，呈现放射状“之”字形造型。

	A色大身色	B色油墨印	C色烫银
白色组			

第 2 步，明确女装基础款

女装基础款式分析：此款女装基础款式为一字领长袖直身卫衣。此款式卫衣可以有多种穿法：第一种是直接套头穿；第二种是把领口穿到单肩腋下，成为斜肩单袖款式；第三种是把上衣作为裙子，袖子作为腰带，打成结穿着。

第 3 步，在女装基础款式上进行基础纹样的造型变化设计

第 4 步，使用软件对设计的 8 个款式 进行图片合成

把握每个款式在合成图中的位置，明确体现款式设计的亮点和特色。

第 5 步，完成款式设计图

把合成好的款式设计图与基础纹样图进行组合，完成最终的款式设计图稿。

本章小结

服饰纹样的设计，首先要符合穿着者的个性特征，其次要与服装的设计款式相协调，同时还要考虑服饰纹样的加工工艺同服装选用的材料相协调。

思考与练习

1. 搜集几种中外服饰纹样，分析其组织形式与工艺特点，并在服装设计中灵活地运用。
2. 学会运用服饰纹样借鉴方法，进行系列简单女装服饰纹样设计练习。
3. 指定系列女装款式，完成 1 张同一纹样不同装饰手法的练习。

第 5 章

服装设计与面料

服装面料是服装的根本，服装的造型和色彩都无法脱离服装面料而存在。服装面料的选用是服装设计成败的关键要素之一。所以，服装的造型、色彩与面料被公认为服装的三大构成要素，也就是服装设计构思过程中的三大课题。服装设计师要掌握服装面料的基本知识，并能够根据各种面料的特性，创造出既美观又实用的受人欢迎的服装。著名的服装设计大师范思哲通常会拿出五分之一的工作时间来选择面料，而川久保玲要用一半的时间选择面料。当前，除了有专门的化纤研究人员和花色设计人员在专门研发新型面料外，服装设计师也在服装面料的选择、使用和加工上不断地投入更多的精力，以达到新颖、独特的效果。

学习目标

1. 了解服装面料的种类与特性。
2. 掌握服装面料再造的基础方法。
3. 掌握服装面料的创新应用方法。

第 1 节　认识服装面料

服装因为面料的纤维和组织结构的不同，呈现出不同的特征。当今社会经济、科技快速发展，纺织化纤工业同样也得到了迅猛的发展。已有面料种类繁多、特征复杂，为服装设计师们提供了丰富的素材和广阔的设计空间。

一、服装面料的原料——纤维

纺织就是将纤维纺成纱线，再织造成布的过程。纤维分为天然纤维和化学纤维两大类。天然纤维是人类使用时间最悠久的服装材料，棉织物和麻织物纤维来自于植物，给人大自然的亲近感，自古以来就深受欢迎。我国很久以前就开始使用桑蚕丝纺纱织布生产丝绸，并将丝绸经“丝绸之路”运往欧洲。丝绸从薄如蝉翼的雪纺、乔其纱到厚重的织锦缎，有绫、罗、绸、缎、锦、绉、绢、纱、葛、纺、绨、绡、呢、绒 14 大类，是世界上公认的珍贵衣料。化学纤维是使用化学手段从煤、石油、天然气、花生壳、牛奶、玉米中提取出来的纤维，具有耐磨、抗皱、免烫等优点。不同的纤维使面料具有与之相应的特征，这些纤维在特性和用途等方面的对比分析详见表 5—1—1。

表 5—1—1　不同纤维的特性和用途对比

纤维类别	纤维特性	用途	典型面料
天然纤维织物			
棉	吸湿、舒适、强韧、保暖、耐磨，染色性好，色彩丰富；易缩水	适用范围非常广泛，上、下装，内、外衣，四季服装均适用	牛仔布、灯芯绒、府绸、卡其、贡缎、泡泡纱
麻	轻薄、挺括、滑爽、耐酸、透气，手感粗糙，不易受潮发霉，色泽鲜艳，不易褪色；容易起皱	适用于衬衫、裙装、制服等夏季服装的衣料	夏布、亚麻布、苎麻布
丝	柔软飘逸、滑爽、华丽、色泽鲜艳、吸湿、耐热、悬垂性好；易起皱，不耐磨	旗袍、礼服、里料、纱巾。广泛用于衬衫、裙装、裤装等夏季服装的衣料	塔夫绸、绉缎、软缎、香云纱、文尚葛、金丝绒、线绨、砂洗绸、库缎
毛	保暖、柔软、质轻、吸湿、透气、有弹性，穿着舒适、不易褪色；易虫蛀、霉变	薄厚有很大差距，从夏季衣料到冬季的大衣呢均可使用，面料以条格、单色为主	哔叽、华达呢、凡立丁、麦尔登、法兰绒、毛花呢、派力司、驼丝锦

续表

纤维类别	纤维特性	用途	典型面料
化学纤维织物			
人造纤维	柔软、光滑、吸湿、透气，染色效果好，经济实用；易起皱，不挺括	夏季衣料、里料等	人造棉、美丽绸、富春纺、羽纱
涤纶	弹性好、耐磨、挺括、免烫；吸湿性差，易起毛、结球，易产生静电，易吸附灰尘	衬衫、裤子、夹克、运动服、工作服等	涤府绸、涤麻纱、涤仿麻、涤弹华达呢、涤爽绸
锦纶	耐磨性好；吸湿、透气性差，易起毛、结球，不耐热	夏季裙料、冬季棉衣里料、羽绒服面料、外套等	尼龙绸、锦纶塔夫绸、尼棉绫、尼丝纺
腈纶	酷似羊毛，蓬松、柔软、挺括、保暖；吸湿性差	冬装填充物，春、秋、冬季衣料、运动服等	开司米、腈纶棉、膨体纱、腈纶华达呢
氨纶	因弹性好的特点，成为现代服装常用纤维材料；耐酸、碱，耐洗，耐磨；吸湿性差	与其他纤维一同织造成带有弹性的紧身衣料	莱卡
混纺纤维织物			
天然纤维与化学纤维混纺	具有相互混纺的纤维面料所具有的优异性能，如耐磨、耐洗、硬挺、免烫，改善吸湿性并降低成本，柔软，有光泽，不容易产生静电等特性	四季衣料、里料等	涤棉、涤麻、毛腈、维棉、涤粘、涤腈、兔羊毛等
化学纤维与化学纤维混纺			
天然纤维与天然纤维混纺			

二、服装面料的组织结构

服装面料按照组织结构可分成梭织面料和针织面料两大类。

针织面料包括手工编织（见图 5—1—1）和机械编织出的服装面料。针织面料与梭织面料的经纬交织不同，它是由纱线形成的线圈间相互串套而成，具有独特的外观和服用性能。过去针织面料多数被用作内衣，现在随着技术的改良和款式的更新，针织面料被用作内衣、外衣、套装、裙、裤、大衣甚至礼服，备受时尚人士青睐。

常见服装面料的特性和用途对比见表 5—1—2。

图 5—1—1 手工编织服装

表 5—1—2　常见服装面料的特性和用途对比

组织结构	特性	用途	典型面料
梭织面料			
平纹	坚固、耐磨、硬挺、平整	内外衣料、里料，羽绒服、棉服的面料	府绸、细布、平布、凡立丁、派力司、法兰绒、电力纺、人造棉、尼龙绸等
斜纹	厚重、密实、纹路清晰	外衣裤、风衣、大衣、裙装	卡其、斜纹布、牛仔布、华达呢、哔叽、美丽绸等
缎纹	光滑、柔软、富有光泽、悬垂性好；不耐磨，牢度差	中西式礼服、睡衣、内衣、围巾、手包、鞋面等	直贡缎、横贡缎、贡呢、绉缎、软缎、织锦缎等
针织面料			
罗纹	高弹、有凹凸感，柔软、舒适、回弹性好、不起皱、透气、保暖	内衣，运动装，内、外衣的领口、袖口、底摆等部位	针织呢绒、毛线绒布、罗纹布、网眼布、摇粒绒、涤盖棉、毛圈布、经编网眼织物、经编丝绒织物、经编毛圈织物等
花色组织	弹性好，立体且富有变化，有提花、绞花、扭花、集圈、毛圈等，呈现凸起、扭曲或悬浮等多种效果	毛衫、线衫、围巾等	
其他面料			
裘皮	保暖、抗寒、耐用、柔软、华丽	大衣、马甲、服装局部的拼接等	狼皮、猞猁皮、羊皮、兔皮等
皮革	不易变形、舒适、透气性好、防寒、保暖	夹克、马甲、裙、裤等秋、冬季服装	麂皮、羊皮、牛皮、猪皮、马皮等
无纺布	透气，价格便宜，多用于一次性用品的材料	手术衣、绷带、口罩等医疗、卫生用品，粘合衬、垫肩等服装用品	粘合衬等

第 2 节　服装面料再造手法

服装面料设计有两层含义：一层含义是对面料进行合理的利用；另一层含义是对面料改头换面，进行再造。服装面料的再造已经成为服装设计的又一大课题。面料的外观是影响设计的重要方面，一种独特的面料可以给服装设计师带来非凡的灵感，面料经过二次设计、加工使外观产生肌理变化，即使是一个平常的款式，其在整体或局部的外观效果也会焕发出意想不到的吸引力。参与服装面料的再创造，是服装设计师打开创作思路、增强动手能力的重要手段，所以，越来越多的服装设计师将目光投向了面料的改造开发上面，三宅一生、韦斯特伍德等顶级大师都直接参与面料的设计开发（见图 5—2—1）。

图 5—2—1　面料再造后的肌理变化

一、加法设计

在现有的面料上进行加法设计，是最常用的面料再造手法。加法设计的优势在于可以不断地对主题进行丰富，弥补视觉上的不足，使作品更具有价值。加法设计归纳起来有以下几大类：

1. 刺绣

前面已经介绍过了一些刺绣的相关内容，这里主要介绍人工刺绣。刺绣的种类很多，包括网眼布绣、抽纱绣、镂空绣、贴布（贴补）绣、绳带绣、绉绣等绣法。刺绣需要耗费较长时间，操作起来比较复杂，先要在服装裁片上画好图案，绣好后再缝制完成成品。刺绣的方法最能够体现服装装饰工艺的细腻与人性化。图 5—2—2 所示为约翰·加利亚诺在皮革上刺绣的中国纹样。

2. 珠绣

珠绣是当前非常流行的装饰手法，操作简单，且容易产生华贵、富丽等突出效果。可以在服装完成后，将各种珠子、亮片用线穿起来钉在衣物上（见图 5—2—3、图 5—2—4）。

图 5—2—2　约翰·加利亚诺在皮革上刺绣的中国纹样

图 5—2—3　珠绣丰富、炫目的效果

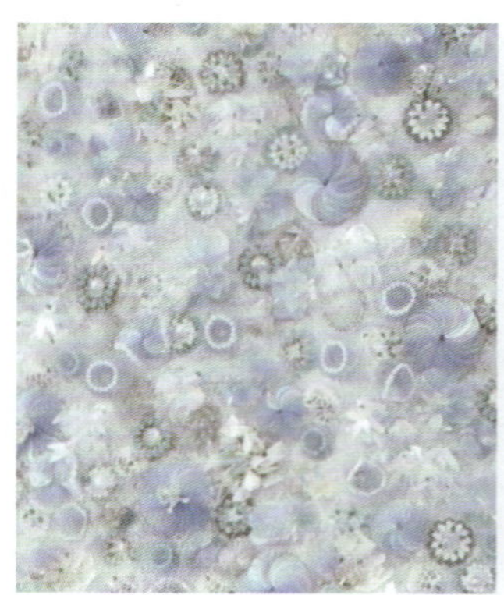

图 5—2—4　珠绣面料的效果

3. 缀珠

缀珠是将各类珠子、扣子、贝壳等物穿成链子悬挂于服装所需部位，或者钉在衣物上。同样，缀珠的加工、处理也是在服装完成以后进行的（见图 5—2—5）。

图 5—2—5 药片形状的缀珠装饰（Chanel）

4. 结绳

结绳是运用不同原料、粗细的绳子，通过扎、结的方式，形成各种扣和结，来达到设计的要求（见图 5—2—6）。结绳是中国传统的服装装饰手法，而且先人们以吉祥如意的名字来命名这些结。如意结、盘长结是当下最常被用于服装与饰物上的结。另外值得一提的是中式服装的盘扣。盘扣有很多形式，最常见的是朴素的一字扣、华丽的花形扣（见图 5—2—7）和蝶形扣。盘扣可以通过在绳中加入软钢丝的办法，使扣形饱满、美观。盘扣是中式服装的点睛之笔。

图 5—2—6 精美的绳结运用到服装结构上

图 5—2—7　各种精美的花形盘扣

5. 堆积、叠加

堆积、叠加是将蕾丝、布料、绢花等各种材料做看似不经意的堆积、叠加，在服装的某个局部产生层层叠叠和疏密有致的视觉效果，加重视觉上的量感。采用这类装饰手法的服装多为艺术表演类服装，或者是追求前卫效果的年轻人群的服装（见图 5—2—8 至图 5—2—10）。

图 5—2—8　堆积、叠加手法的运用

图 5—2—9　虚实手法的运用制造出带有自然气息的优美意境

图 5—2—10　带有波西米亚风格的繁复堆砌

6. 垂坠

在服装的下摆、袖口等边缘部位垂坠装饰物，可增强服装与人的动感，显得年轻活泼（见图 5—2—11）。垂坠装饰物的材料有多种选择，可以是裘皮、人造毛、羽毛、绒球、线绳、蕾丝花边等。

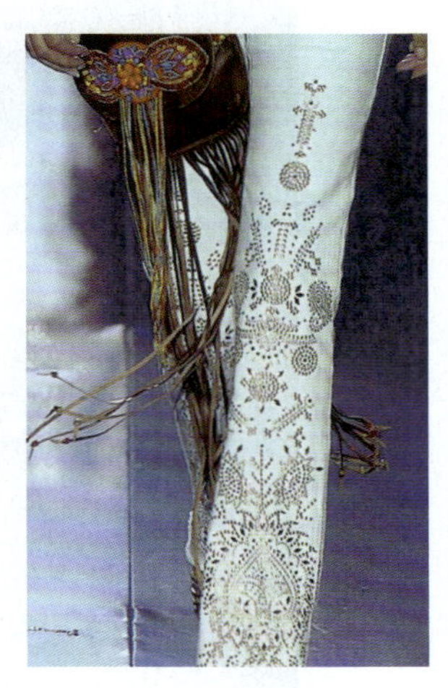

图 5—2—11　垂坠的流苏增加了服装的动感

7. 绗缝

绗缝具有保温和装饰的双重功能，是秋冬季服装中常用的装饰手法。绗缝的方法是在面料和里料之间加入蓬松的填充物，然后机缝或手缝出具有装饰感的线迹，从而产生浮雕的图案效果（见图 5—2—12）。

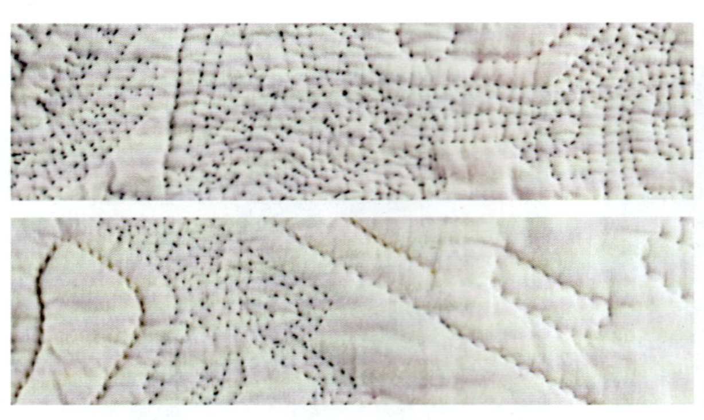

图 5—2—12　绗缝装饰图案的浮雕效果

二、减法设计

减法设计也是面料再造中比较常用的表现手法。它是将完整的面料通过镂空、手撕、抽纱、烧灼、磨损、腐蚀等手法处理，改变面料原有的状态，使服装呈现出多种不规则或抽象的视觉效果。

1. 镂空

镂空是用剪刀在面料上剪出若干个洞，使服装面料被人为地破坏，以适应设计的需要（见图 5—2—13、图 5—2—14）。

图 5—2—13　镂空的腰部设计

图 5—2—14　面料镂空的设计细节

2. 手撕

手撕是指用手将服装面料撕出随意的肌理效果，其视觉效果粗犷、豪放（见图 5—2—15）。

图 5—2—15　手撕设计效果

3. 抽纱

抽纱是一种传统装饰手法，它是依据设计图稿，将底布的经线或纬线剪断抽去，然后加以连缀，形成透空的装饰花纹（见图 5—2—16）。

4. 烧灼

烧灼是利用烟头在成衣上做出大小、形状、内容各异的抽象或具象的孔洞，孔洞周围留下棕色的燃烧痕迹。在面料处理时，利用这种手法可以再造出既带有强烈个人情感内涵又独具美感和特色的材料，由这些面料制作的服装更具个性和神采（见图 5—2—17）。

图 5—2—16　局部抽纱设计在服装中的效果

图 5—2—17　烧灼后的面料制作成装饰花并形成花型的外部轮廓，使装饰花更加立体

5. 磨损

磨损是利用水洗、砂洗、砂纸磨毛等手段，让面料产生磨旧的艺术风格，更加符合设计的主题或意境。牛仔类衣裤就是利用这种加工手法，使牛仔装散发出永恒、迷人的魅力（见图 5—2—18）。

6. 腐蚀

腐蚀是利用化学药剂的腐蚀性能对面料的部分进行腐蚀破坏，形成所需图案。

三、变形法设计

变形是指服装面料经过加工后产生变形，形成带有肌理的视觉效果的设计手法。变形的设计手法常常被用于服装的局部。

1. 褶绉

服装中有了褶绉就会形成起伏，富有旋律美。褶绉的产生可以概括为压褶和抽褶两种情况。压褶需经特殊工艺定型，效果密集、重叠，线条清晰、规律，立体感强。因折法不同，褶的造型具有多样性，有顺褶、对褶、伞褶、箱褶等，还有交错随意的不规则褶。抽褶是用抽绳或松紧带的方法使面料产生褶绉。较之规则的压褶，抽褶的疏密更自由，造型更活泼，尤其是宽大的服装，局部的抽紧、扎系更能突出整体的立体感。褶绉的独特风貌备受服装设计师的青睐，频频出现在国际大师的作品中。日本著名设计师三宅一生创制的褶绉面料被称为“一生褶”，别具一格，充分表现了东方文化内涵，在流行舞台上长盛不衰（见图 5—2—19）。

图 5—2—18　经过打磨的牛仔裤，散发出随性、率真的个性

图 5—2—19　三宅一生的褶绉面料经久不衰

2. 扎结

将面料进行有规律或无规律的扎结，使服装面料变形，产生皱褶，富有立体感（见图 5—2—20）。

图 5—2—20　巧妙地运用不同程度的扎结，使设计饱满而富有变化

3. 折纸

折纸是指用折、翻、拉、挑、剪、叠、插等手法，把材料连接在一起形成一个单元，单元进行上下或左右的重复循环，最终形成的面料肌理造型效果（见图 5—2—21）。

四、综合法设计

在面料再造的过程中，各种设计方法的组合运用使设计更富有活力，更加生动，也使服装更具有艺术效果。不论采用哪种设计手法，在服装面料的再造设计中都要强调重复、

图 5—2—21　巧妙地运用不同折纸造型元素的设计，凸显创新的立体造型风格

韵律、节奏、平衡、特异、体积感、运动感、对比和协调等设计规律的运用以及对于流行的综合把握，使设计、加工过的面料更具有装饰性和艺术性（见图 5—2—22、图 5—2—23）。

图 5—2—22　用各种材料自制模具对面料进行再造，体现不同的肌理质地效果

图 5—2—23　用各种材料和综合法创新设计体现不同的肌理质地效果

实训 7

减法设计与制作案例

一、案例分析

在对服装材料进行减法的塑造过程中，经常会用到剪、撕、烧、磨等方法，其技法并不复杂，重要的是在此基础上的创新设计。此次减法设计与制作案例是使用一块麻质面料，

通过运用切割、抽纱、贴等方法完成材料的如下局部再造。

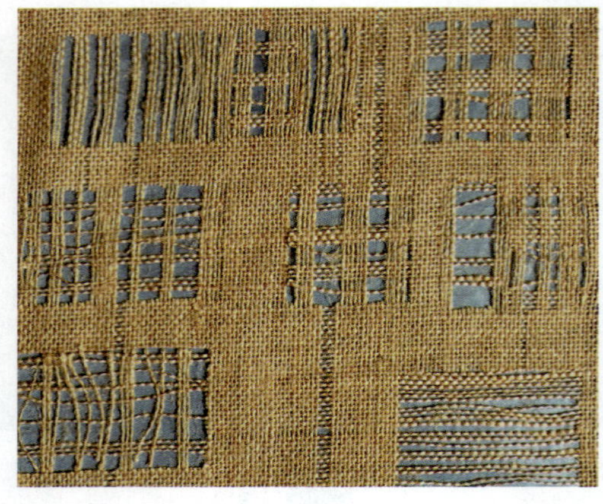

二、制作工艺流程（设计、制作者：关雅洁、朱庆真）

第 1 步，准备材料

准备一块经纬纱比较疏松的麻质面料，面积为 30 cm × 30 cm。

第 2 步，切割

按照设计，用刀切开所需长度。

第 3 步，抽切断纱

按设计图要求，抽出切断的纱线。

第 4 步，抽纱

从布料的一边至另一边抽出纱线。

第 5 步，塑形

必要时用剪刀剪断纱线，进一步抽出纱线，塑造所需的设计图形。

完成效果图：

第 6 步，更换衬底

可选用醒目色彩的材料，使用贴的手法，营造多层次的效果。

实训 8

破坏方法设计与制作案例

一、案例分析

这是继上一个实训后的又一种造型方法的尝试。选择这个方法进行试验，是尝试面料再造手法在设计实践中的另外一种表达方式。该实训使用了 LED 管，目的是想用面料切割后形成的破坏状，同 LED 管进行组合，让服装产生冲击感较强的视觉效果，体现个性创新的思维。该实训是对破坏造型方法的进一步深入探索。

二、制作工艺流程（设计、制作者：安晓冬）

1. 制作试验小样

进行两个裁片的切割破坏试验。

（1）选择一块材料，表面钉上水钻，再将一块皮革同这块材料进行缝合，缝合时沿水钻的外轮廓进行；接着用刀把皮革切割成十字状，使水钻自然地露出来，最终的效果如下图左图所示。

（2）选择一块棉布，采用简单的不规则、长短不一的切割方法对面料进行镂空处理，再用别针对破裂感大的切口进行连接，最终的效果如下图右图所示。

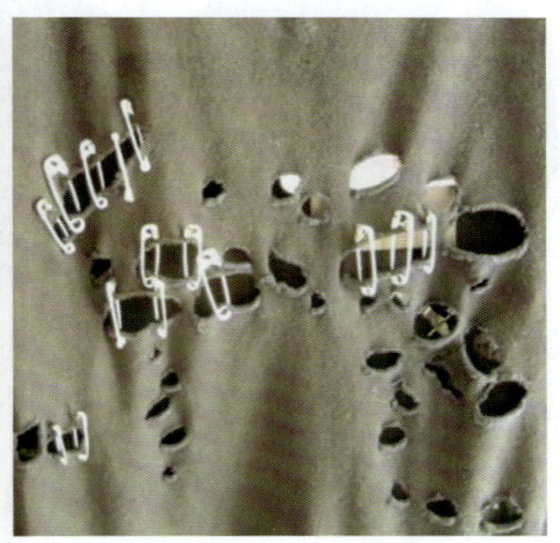

2. 制作元素及服装基础款

将塑胶材料切割成不规则造型“▭”、大小不一的裁片，在这些裁片上再做放射状的切割，经过烧制使切口向上卷翘，再在切口上面钉制不规则状透明塑料制的石头，石头底部覆着 LED 管。把这些局部成品制成基础款的底衣，在底衣上覆盖划成不同三角状图案的多变性塑料裁片，完成服装基础款的制作。

3. 制作拓展款式

拓展款式1、2、3均是在面料上先进行切割使切口呈破裂状，再在服装里面放置用塑料材质包裹的LED管，使其产生不规则的立体效果。这种造型效果奇特，在制作过程中有一定的随意性和不确定性，服装设计师需把握好尺度，设计过程中可进行多次的尝试和试验，再确定最后的效果。

拓展款式1　　拓展款式2　　拓展款式3

本系列作品均采用面料同LED管连接的制作方法，因此首先涉及LED管的制作问题。LED管要选用小巧且光线亮的材料制成，同时在上面覆盖绝缘体，防止漏电。其次还要考虑连接线的材料选择，本次实验选择铜丝作为连接线。铜丝既可以完成两个灯之间的连接，又可以作为支撑骨架使用，起到了双重的作用。

实训9

综合法设计与制作案例

一、案例分析

本案例的目的是采用综合的服装面料再造手法对一件礼服进行二次加工。

二、制作工艺流程（设计、制作者：朱庆真、唐璟）

服装未改造前的效果：

第 1 步，把羽毛扎成一束

第 2 步，羽毛与绢花、毛结合制成胸花

做好后的胸花装饰效果

第 3 步，使用蕾丝、亮片、珠子、毛线制成装饰材料

缝缀好的效果

第 4 步，把制作好的装饰材料缝缀在服装上

第 5 步，再次使用羽毛进行装饰

第 6 步，使用毛线丰富效果

面料再造后的最终效果：

本章小结

了解服装面料的种类与特性，掌握服装面料再造及基本制作方法是服装设计的关键环节之一。在尝试服装面料再造之初，不要急于求成或过分追求新、奇、特，可以先对现有的服装利用本章介绍的方法进行加工和处理，来尝试化腐朽为神奇的二次加工手法。

思考与练习

1. 搜集不同的面料，分析其特性以及适用的服装类型。
2. 尝试不同服装面料再造手法的面料改造效果。
3. 尝试对现有的服装通过面料改造的诸多手法，进行设计加工。

第 6 章
服装设计流程

需求引发设计的动机，动机带动行为，用各个实施环节的行为实现目标，最终以物质的形式体现，这是服装设计的基本流程。每一件服装的设计细节都需要服装设计师先期的设计灵感，结合市场调研、流行趋势调研及系统分析，再经过一系列的设计程序才可确定，最终通过团队合作、设计与工艺制作的紧密结合才能实现。服装设计的基本流程可概括为：根据设计对象的需求进行创意构思，绘制效果图、款式图、裁剪图，完成概念版，根据概念版中图片表达的内涵，进行制板和样衣制作，完成成品展示，交付客户，最终实现完整设计。

学习目标

1. 了解服装设计流程。
2. 能够设计并绘制指定主题的系列服装款式图、效果图。
3. 通过实践掌握初步的服装设计原则和服装设计方法。

第 1 节　服装设计要点

服装设计是一个复杂、完整的设计与工艺相结合的过程。服装设计是对人的整体着装状态的一种设计，需要运用美的规律，将创意设计构思先期用绘画的形式表现出来，再通过工艺技术制作手段将其转成成品。服装设计一般分为两类：一类是注重创意艺术的表现形式、艺术感染力的概念性设计；另一类是关注人体工程学，注重功能性、实用性，关注市场需求的商业化设计。不管哪种类型的设计均离不开造物，满足人的需求是服装设计的本质。

一、服装设计的原则

作为一名服装设计师，在进行产品设计的初期阶段，不要单纯从商业价值的角度进行考虑，以免束缚手脚，而要尽量展开创意和想象的翅膀，尽可能大胆地构思服装设计美的内容和表现形式，然后再结合服装的风格特征、产品定位、市场动向、商业因素和实用功能进行设计上的创意性和实用性的整合，使服装产品融合理性的实用功能、构造与感性的艺术审美价值于一体，让每个消费者为之感染和心动。

1. 服装设计的实用性

服装是人类生活的必需品，它除要求具有保护人体的作用外，还应具有一些特殊的功能性及适应性。服装的功能性包括防暑隔热、防寒保暖、舒适透气、安全防护、抗老化、耐久性等。服装的适应性在国际上通用的提法是“TPO”原则。“TPO”三个字母分别代表 Time（时间）、Place（地点、场合、环境）、Object（主体、着装者）。即服装设计首先要考虑穿着者的年龄、性别、体型、职业、信仰等特点，其次要考虑服装穿着的不同场合，再次还要考虑不同的时间、季节对服装要求的差异，最终选择合适的面料进行款式设计及服饰搭配。

2. 服装设计的创意性

创意性服装是以创作者主观思想意识和创意思维为主导，不受市场商业因素和服装功能性约束的纯概念化设计。创意性服装以“新、奇、特”为特征体现在服装设计构思的形式和内容上，在一定程度上弱化了服装的实用功能，强调和突出了服装的审美功能和个性风格，属于艺术欣赏品。从表面上看，创意性服装设计是针对服装艺术品的设计，而实用性服装设计是针对服装商品的设计，这两个服装种类的设计概念相去甚远，但透过创意性服装设计的表面形式，对其展开深入分析，不难看出其内在包含着巨大的商业实用价值。

任何形式的艺术作品与现实社会生活都存在着不可逾越的差距与鸿沟，艺术来源于生活，但不等同于生活。创意性的服装艺术设计作品对于现实社会中的人们来讲，只具有审美欣赏价值，而不具备穿着的实用价值。

二、服装设计形式美的基本要素

服装设计要素包括色彩、款式和质感三个方面。服装设计过程是对服装进行艺术造型，并用织物或其他材料加以表现的过程。

在服装设计中应用服装造型属于立体构成范畴，服装设计也就是运用美的形式法则有机地组合点、线、面、体，形成完美造型的过程。点、线、面、体既是独立的因素，又是一个相互关联的整体。一款完美的服装设计不仅是服装中对各个因素独具匠心的应用，而且其整体关系、局部与整体之间的对比关系均符合美学基本规则。对于服装来讲，比例是指服装各部分尺寸之间的对比关系，例如裙长与整套服装长度的关系、贴袋装饰的面积大小与整件服装大小的关系等。对比的数值关系若达到了美的统一和协调，则被称为比例美。

三、服装设计团队人员结构

服装设计团队人员结构会因公司的规模大小和运营模式的特点而各不相同，要从设计工作的实际需要出发，力求规范、实用，切忌烦琐和程式化。服装设计团队一般由服装设计人员、服装制板人员和服装工艺制作人员三部分组成。服装设计团队人员要明确职责和工作流程，将主要职能进行细化分解，做到工作有所属，责任权力界定清楚，在工作中有分工但是又要通力合作，提高工作效率，保证设计效果和设计质量。

四、服装设计流程的关键要素

服装设计流程的关键要素：一是创意设计的效果图表达；二是裁剪；三是面辅料的选择；四是制作工艺的技术水平。

第 2 节　服装设计基本流程框架

一、捕捉灵感，明确主题设计概念

服装设计师会从多个方面吸收、提取设计灵感。

1. 从各大时装周活动中了解当季流行信息，结合时尚和细节，从设计风格定位、未来的流行趋势分析出发，将设计灵感雏形进行整理和分析，设定款型、选定面料、定义服装设计风格，确定版型、裁剪方法和加工工艺。

2. 设计灵感来源于艺术，艺术来源于生活。从生活中产生灵感，在生活中分析和提取设计灵感。

3. 无论何时何地，突然找到一种感觉，追随感觉去进行创新、创意设计。

在服装设计中，主题设计适应了当今社会发展的变化，用主题设计构思创意、开发设计方法，是服装设计师实现自我创新的途径之一。主题设计概念主要是指在设计之前对设计物有一个前提概念，表达一个明确的设计思想。服装设计师通过对现实生活的观察、分析和研究，充分发挥自我创新和想象，以主题为灵感来源进行设计，并且在设计的过程中通过各种途径表达主题设计思想和主题设计意图。

二、市场调研及分析

市场调研首先要明确调研的目的、选定调研的方法、确定调研的时间及地点、了解调研需要解决的问题，最终制定出调研方案并按照方案进行调研。

市场调研的形式是多种多样的，可采取市场观察、与服装工作者交流、参加各类活动（如纺织博览会、服装发布会）、收集资料等形式，结合适合的调研方法进行调研。调研方法有文献收集法、文献数据分析法、问卷调研法、座谈调研法、调研分析法、样品实践研究法、归纳总结法等。采用哪种调研方法是根据具体项目内容而定的。调研的范围可以是消费需求调查，竞争环境、品牌及产品调查，供应商、代理商、工厂、设计室的合作调查等。

完成调研后，接下来的重点就是调研分析。通过系统的调研分析梳理和提取服装设计的元素，如面料的肌理效果、服饰的纹样、服饰的风格等，选取适合的材料或再经过工艺处理的再造，塑造出手感适合、肌理适合、性能符合主题设计思想的面辅料。

三、制作概念版

此阶段为制作概念版并按产品要求（美学、技术与经济方面）绘制设计图阶段。

1. 绘制概念版

概念版包括设计主题及设计思想概述，表达设计主题的风格图片、元素图片及细节表现，以及选定的服装设计色彩（见图 6—2—1）。

图 6—2—1　概念版（作者：安晓冬）

2. 绘制设计图

设计图包括产品廓形图、草图、效果图和款式图。

（1）绘制产品廓形图　产品廓形图是指体现服装设计系列产品外轮廓造型的图片（见图 6—2—2）。

图 6—2—2　产品廓形图（作者：安晓冬）

（2）绘制草图　草图一般是单色的勾线图，重点是表现服装的轮廓造型、服装结构设计细节特点、服装面料肌理特点和工艺细节。这些细节一般用文字表述或把细节做放大图进行说明（见图 6—2—3）。

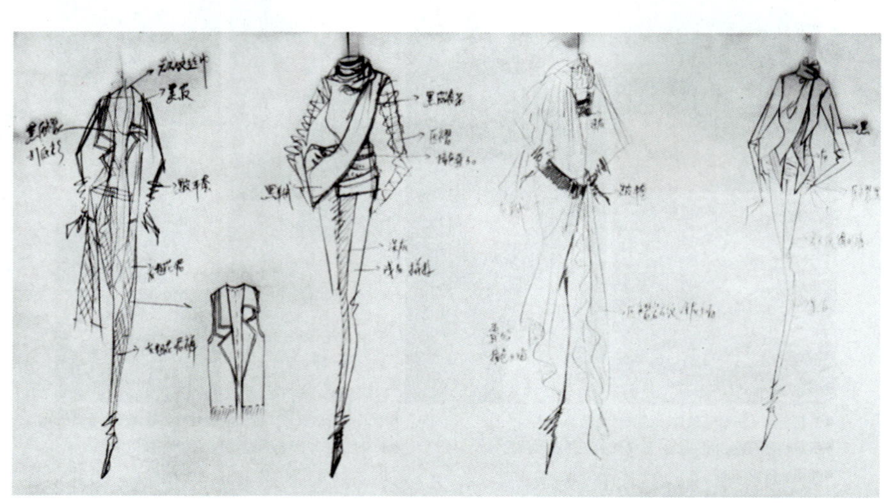

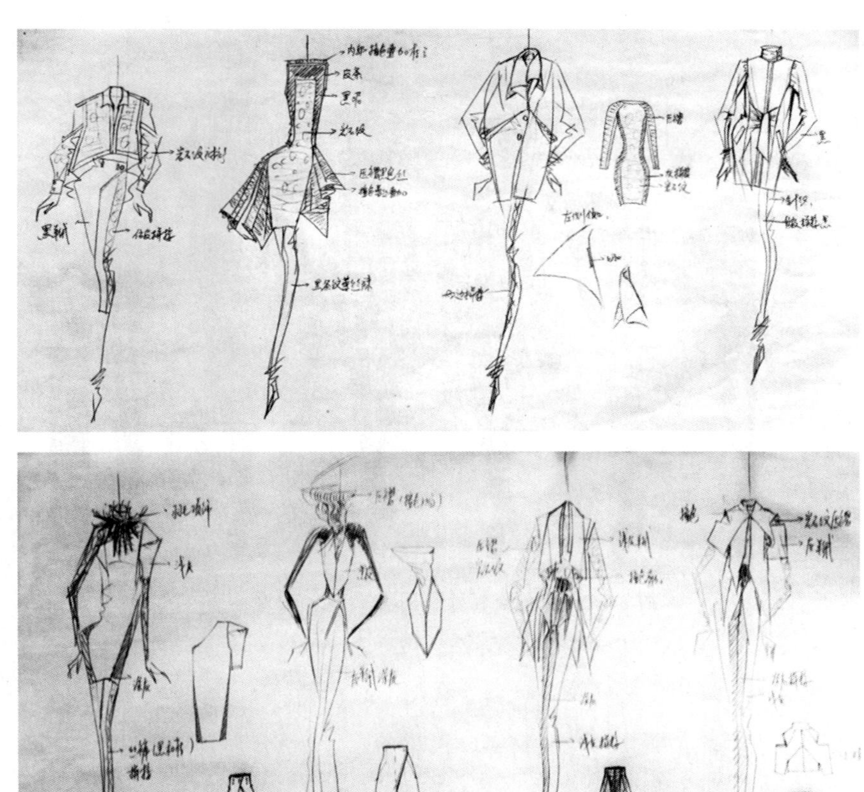

图 6—2—3　绘制草图（作者：安晓冬）

（3）绘制效果图　效果图是服装设计构思成果的完整体现。在绘制效果图时，不仅要将服装的结构特征如分割线、服饰纹样、扣位等准确、清晰地表现出来，还要把服装色彩配置、服装款式结构及细节、服装面料材质搭配、服饰风格及细节、着装的整体风格形象直观地表现出来。服装效果图应为彩色效果图，最好附上面料小样，面料小样不易过大，以可辨别出材质及花纹效果为宜（见图 6—2—4）。

（4）绘制款式图　根据服装设计效果图，精准地做出设计款的款式图，将版型、细节和面料工艺特性及样衣尺寸确定并表达出来，为制作样板做准备（见图 6—2—5）。款式图只画服装款式，要求线条工整、准确，外轮廓和局部比例清晰明了。线条的实线表示服装外轮廓、省、褶等，虚线表示辅助线或缉线。一般款式图需要绘制出正面图和背面图，对侧面进行设计的服装还需要绘制侧面款式图，以求全面表达服装设计师的设计思想，有利于裁剪制作的顺利进行。

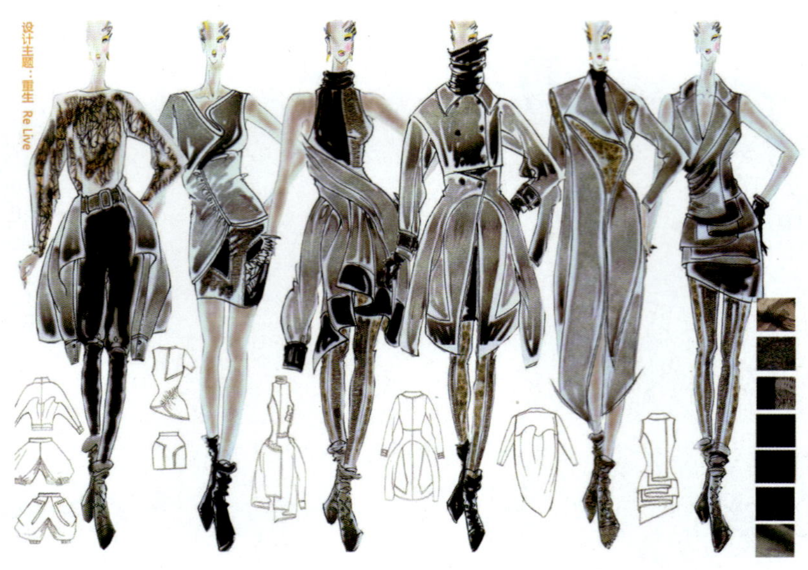

图 6—2—4　绘制效果图（作者：安晓冬）

图 6—2—5　绘制款式图（作者：安晓冬）

四、样品制板

样品制板俗称“打制样”环节，是服装成型的中央环节。在样品制板前期，服装设计师需要同版师进行详细的沟通，有时服装设计师会同版师一起进行制板和打板，通过绘制裁剪图、样板图完成样品制板。样品制板一般可采用平面裁剪或立体裁剪的方法进行，也可立裁、平裁两种方法相结合进行。样品制板的最后阶段是确定制板细节处理方案、具体的制作工艺要求等。

五、制作样衣

工艺师会根据版师的制板完成面辅料的裁剪、配料，审查样衣（形式、衣料、加工工艺和装饰辅料等方面）后进行试样及样衣修改。一件完美的服装作品通常不是一次就能制作成功的，它需要通过样品的试样效果，结合试穿者的穿着意见，再进行修改和完善，有时需要进行二次设计，才能最终达到设计的效果，为交付客户、成品展示展卖或批量生产做准备（见图 6—2—6）。

图 6—2—6　制作样衣（作者：安晓冬）

六、制作工业性样衣和制定工业性技术文件

制作工业性样衣是指按照工业生产的要求制作不同规格号型的样衣。工业性技术文件包括扩号纸样、排料图、定额用料、操作规程等文件。

七、成品展示

成品展示是指制作完样衣后为扩大推广和宣传，企业参加的各种类型的展览会、服装秀等的动态或静态展示。动态展示多指服装秀的形式，静态展示多指展览的形式（见图6—2—7至图6—2—9）。

图6—2—7　成品动态展示（作者：安晓冬）

图 6—2—8　成品静态展示（作者：安晓冬）

图 6—2—9　拍摄广告、制作画册（作者：安晓冬）

八、交付客户或批量生产销售

一般服装设计成品最终的交付环节可分为定制型和批量生产销售型。定制型是指交付个人客户或单位客户，批量生产销售型是指制作批量成衣后再进入市场批量销售。

实训 10

服装设计流程案例

——服装效果图绘制（作者：安晓冬）

第 1 步，绘制人模图

先画单个人模图，再复制所需绘制人模的数量，最后保存文件并命名为“人模图”。

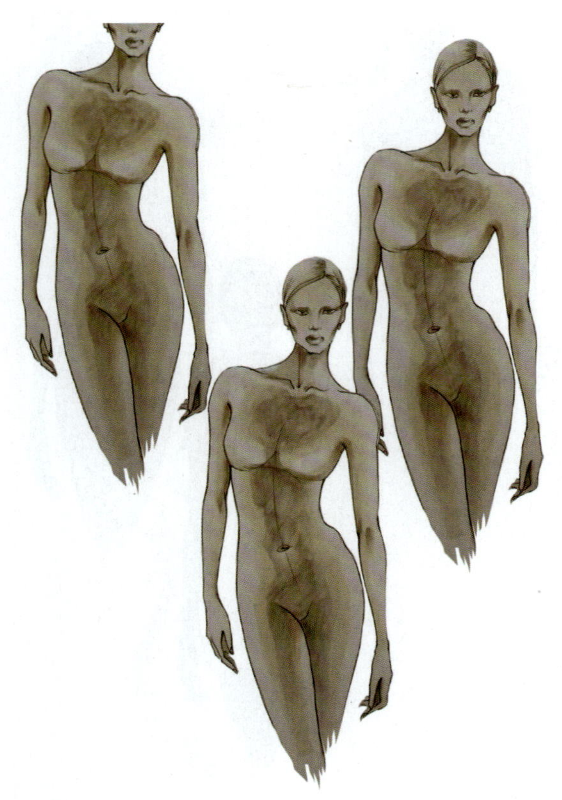

第 2 步，绘制款式图

在人模图上覆盖 A4 纸，在 A4 纸上绘制服装设计系列款式图，将款式图转换为电子文件，保存并命名为“A4 纸上绘制的服装设计款式图”。

第 3 步，款式图和人模图合成

打开 Photoshop，先调出“人模图”和“A4 纸上绘制的服装设计款式图”两个原始文件。在“A4 纸上绘制的服装设计款式图”原文件上使用 Photoshop 中的“钢笔”工具，勾勒出服装的外轮廓，点选“路径”工具中的虚线圆圈，按“Ctrl+C”快捷键进行拷贝；再打开“人模图”原始文件，按“Ctrl+V”快捷键进行复制；点选“编辑”中的“变换”工具对图片进行缩放、旋转、变形等操作，完成“A4 纸上绘制的服装设计款式图”同“人模图”的合成。

第 4 步，绘制面料和肌理

使用“画笔”工具，点选画笔需要的颜色和种类，选择合适的画笔大小，点选“不透明度”数据及“流量”数据，进行绘制，使两张图更加完美地结合，烘托气氛，体现风格，形成较为完整的服装设计款式图。

第 5 步，增加局部细节绘制，增加环境、气氛的处理

使用 Photoshop 中的“仿制图章”工具，按住“Alt”+ 选中的服装设计款式局部进行复制；点选“不透明度”数据及“流量”数据，进行绘制，按住“空格”键 + 鼠标进行拖动，在中心位置盖章复制选中的服装设计款式。

本章小结

服装设计需遵循服装设计流程的规律，有创新地灵活应用服装设计的方法，在调研的基础上确定服装设计概念版，经过反复的实践完成制板、样衣及装饰细节的制作，并把制作流程梳理成明确的工艺流程，最终制作成服装成品。

思考与练习

1. 完成指定简单主题设计，并按照设计流程实现设计与成衣制作。
2. 尝试制作其中 1 款成衣，并完成静态或动态展示策划。